しくみ図解

シーケンス制御が一番わかる

一連の動作を自動で順序通りに行う技術

武永行正 著

技術評論社

はじめに

　読者の皆さまはものづくりについて、どのようなイメージをお持ちですか？身の周りにある家電でも、道路を走っている自動車でも、あたりまえのことですが誰かがつくっているから存在するのです。そしてものづくりの技術も年々進化し、品質がよいものが安価で手に入る時代になりました。これらは工場の中で人と機械が共同でつくり上げています。

　一昔前は職人さんと呼ばれる人がメインとなり生産していましたが、技術の進歩により今では機械やロボットがメインとなり生産しています。機械なしでは近年の生産能力は実現できないのです。

　機械を制御している自動制御にはさまざまな方法がありますが、基本的になる部分がシーケンス制御です。シーケンス制御というものは古くからありますが、決して時代遅れの方法ではなくこれからも生産設備やロボットの基本となる制御なのです。

　シーケンス制御という言葉は聞きなれない言葉ですし、これから勉強される方にとっては難しそうなイメージがあります。本書ではこのシーケンス制御を可能な限りわかりやすく書いています。基本的な部分はもちろん、少しだけ踏み込んだ部分まで書いています。そして、実際に配線作業を行って学習することも可能となっています。このあたりは他の参考書と違うところです。もちろん読んでいくだけでも十分理解できるように書いています。

　これからシーケンス制御を学習される方、シーケンス制御に興味がある方、まずは本書を開いて勉強してみませんか？難しいかどうかは勉強した後に考えればいいのです。まずはやってみないとわかりません。皆さまのシーケンス制御学習という一歩を本書が後押しできればうれしく思います。

武永　行正

シーケンス制御が一番わかる

目次

はじめに……………3

第1章 自動制御とは……………9

1 制御とは……………10
2 自動制御の歴史……………12
3 制御する対象物……………14
4 制御のメカニズム……………16
5 制御のプログラム……………18
6 情報技術の発展……………20

第2章 シーケンス制御の動き……………23

1 操作する……………24
2 制御する……………26
3 駆動する……………28
4 検出する……………30
5 表示する……………32

CONTENTS

第3章 身近なシーケンス制御・・・・・・・・・・・・35

- 1 全自動洗濯機・・・・・・・・・・・・・・36
- 2 炊飯器・・・・・・・・・・・・・38
- 3 自動車・・・・・・・・・・・・・40
- 4 冷蔵庫・・・・・・・・・・・・・42
- 5 電子レンジ・・・・・・・・・・・・・44
- 6 扇風機・・・・・・・・・・・・・46
- 7 信号機・・・・・・・・・・・・・48
- 8 表示灯・・・・・・・・・・・・・50
- 9 自動販売機・・・・・・・・・・・・・・52
- 10 産業用ロボット・・・・・・・・・・・・・・・54
- 11 モーター・・・・・・・・・・・・・56
- 12 温度調節器・・・・・・・・・・・・・・58
- 13 自動化設備・・・・・・・・・・・・・・60
- 14 エレベータ・・・・・・・・・・・・・・62
- 15 自動ドア・・・・・・・・・・・・・64
- 16 風呂の湯張り・・・・・・・・・・・・・・・66
- 17 発電所・・・・・・・・・・・・・68
- 18 トンネルの排気・換気・・・・・・・・・・・・・・・70
- 19 自動倉庫・・・・・・・・・・・・・・72

第4章 シーケンス制御「超入門」……75

1 動作とは……………76
2 動作に条件を与える……………78
3 動作は出力、条件は入力……………80
4 動作を変更する……………82
5 負荷のON/OFF……………84
6 2進数という数値……………86
7 数値の扱い……………88

第5章 実験で学ぶ「シーケンス制御」……………91

1 スイッチ・リレーを理解する……………92
2 接点とは……………94
3 ランプを点灯させる……………96
4 リレーを動かす……………98
5 自己保持とは……………100
6 誤動作させる……………102
7 連続したリレー制御……………104
8 タイマーリレーとは……………106
9 センサーの役割……………108
10 センサーでリレーを動かす……………110

CONTENTS

第6章 プログラマブルコントローラ……113

1 プログラマブルコントローラとは……114
2 リレーとの違い……118
3 入力とは……122
4 出力とは……126
5 配線方法の違い……130

第7章 プログラミング入門……135

1 ラダー図……136
2 デバイスとは……140
3 入力デバイスを使ってみる……144
4 出力デバイスを使ってみる……148
5 データレジスタ……152
6 回路設計……156
7 原点復帰……160
8 一般的な動作回路……163

おわりに……167

参考資料　文献・学習キット・検定対策盤……168
用語索引……172

CONTENTS

 コラム｜目次

シーケンス制御ってよく聞く？･････････22
ロボットには注意･････････34
宇宙エレベータ･････････74
ビットやワード･････････90
ラダー図･････････112
PLCの安定性･････････117
AI･････････123
センサーの入力･････････134

第1章

自動制御とは

　シーケンス制御における自動制御とは、一連の動作を順序どおりに自動で行わせることです。私達の身のまわりにもたくさん使われていて、普段は気づかないことも多いと思います。本章では制御の概要を理解しましょう。

1-1 制御とは

●制御とは

　制御とは、自分の思ったとおりに動かしたりすることです。これは機械に限ったことではなく、動物や人の感情などにも使われる言葉です。
　ほおっておけば自由気ままに動くものを、制御して自分の思いどおりに動かすことです。

●シーケンス制御

　シーケンス制御とは図1-1-1のようにあらかじめ動く内容が決まっていて、順番どおりの動作を繰り返すように制御します。
　ボタンを押すと「給水」⇒「洗い」⇒「すすぎ」⇒「脱水」と順番どおりに動作する全自動洗濯機は、まさにシーケンス制御です。このように本来好きなように動作させることのできる機能を順番どおりに動作するように制御するのです。

●フィードバック制御

　シーケンス制御とは別にフィードバック制御という制御もあります。ここでは簡単に説明します。**フィードバック制御**は目標値に対して現在値を一致させるようにする制御です。車の運転を思い出してください。60 km/hで走ろうとした場合は、アクセルを適度に操作して60 km/hに近づけます。60 km/hに近づくとアクセルを緩めます。60 km/hを超えるとアクセルを放します。このアクセル操作がフィードバック制御に相当します。
　アクセル操作を自動で行うことでフィードバック制御となります。目標値に現在値を一致させようとする制御なので、エアコンの温度設定などもフィードバック制御となります。２エアコンは26℃にセットすると、26℃になるように出力を調整します（図1-1-2）。

図 1-1-1　シーケンス制御

洗濯機

工場のロボット

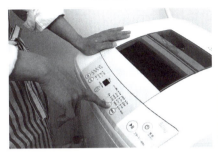

あらかじめ動く内容が決まっている

製品をつかんだら運んで置く

図 1-1-2　フィードバック制御

エアコン

室温が30℃以上なら出力全開
27℃なら低出力

リモコン

26℃に設定

室温が26℃になるように出力（パワー）を調整

自動制御の歴史

●自動制御の発展

　近年では半導体などの技術が向上し、電子機器はますます小型化しています。工場ではロボットが人の変わりに複雑な作業を行っています。

　そもそもシーケンス制御はものづくりを行う工場内の機械で使われ、発展した技術で、**ラダー図**と呼ばれるシーケンス制御用のプログラムは主に製造工場の機械という特殊な場所で使われているプログラムなのです。

カム制御

　エンジンのバルブ制御などにも使われています。回転することで動作部分を押したり引いたりするものです。工場などの産業機器ではあまり見かけられなくなりました（図1-2-1）。

リレー制御

　リレーと呼ばれる接点とコイルを使用して制御を行います。リレー単体では実現できませんが、複数のリレーを組み合わせることで順序どおりの制御、シーケンス制御を実現します。このリレー制御がシーケンス制御の基本となります（図1-2-2）。

PLCを利用した制御

　PLC（Programmable Logic Controller）という制御機器を使った制御です。現在工場で使われている制御はほぼPLCが使用されています。PLCは上記のリレー回路をプログラムとして書き込める機能を持ったコンピュータです（図1-2-3）。

図 1-2-1　カム制御

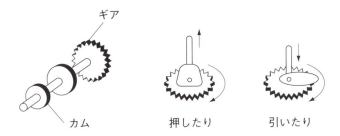

図 1-2-2　リレー制御

提供：パナソニック株式会社

図 1-2-3　PLC

提供：オムロン株式会社

制御する対象物

●何のために制御する？

シーケンス制御の対象物は機械です。では何のために制御するか？工場に限っていえば「物をつくる」「生産する」ために行います。

何も考えずに機械やロボットを動かしても意味がありません。自分の思いどおりに動いたとしても、目的がなければただの自己満足なのです。

図1-3-1のように、いままで人がつくっていたものを、一部の工程を機械やロボットが担当します。人が担当していた工程を機械に置き換えることにより、人件費の削減ができます。人が行うと時間がかかりすぎる工程を機械に置き換えることにより生産能力が向上します。

●身近な対象物

シーケンス制御が使用されているのは工場だけではありません。私達の身の回りでも多く使用されています。全自動洗濯機、エアコンなども含まれます。ここでの目的は単純に私達が楽をしたいからです。世の中が便利になっていく中、このような機械なしでは生活ができない世の中がくるかもしれません。

●制御対象の発展

制御する機械は、使用される部品が発展することで大きく進化します。ロボットなども関節数が増え、人間の手のように動かすこともできます。

このように制御対象が進化するとともにシーケンス制御もどんどん複雑になっていきます。図1-3-2のようなカメラで部品を認識し、角度を演算、ロボットを使い一定の角度で取出すロボットも存在します。言葉でいうと簡単ですが、このような動作をプログラミングするのはかなりの技術が必要です。

図 1-3-1　人の変わりに作業する

機械が溶接する

必要最低限の動作しかしない。人件費の削減

図 1-3-2　進化した機械

カメラを搭載した多関節ロボット

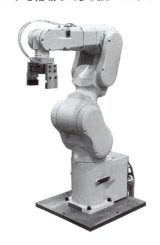

1-4 制御のメカニズム

●制御のメカニズム

　機械にもメカニズムがあるように、制御にもメカニズムがあります。これは制御のしくみのことで、制御対象などによっても変わってきます。

　ここではシーケンス制御とフィードバック制御について簡単に説明しますが、「シーケンス制御だからフィードバックは必要ない」と思われるかもしれませんが、近年の制御ではシーケンス制御にもフィードバック要素は十分含まれるため、理解しておく必要があります。

●シーケンス制御

　順番どおりの制御と呼ばれていますが、機械などを動作させる基本的な制御です。例えば、全自動洗濯機のボタンを押すと、洗い→すすぎ→脱水→乾燥という動作を順番に繰り返します。工場などの組立装置も基本的には同じ動作をひたすら繰り返しているだけです。一つひとつの動作を順番に行うので**シーケンス制御**と呼ばれています（図1-4-1）。

●フィードバック制御

　フィードバック制御を調べると難しいことばかり書いてあると思います。実際に難しいのですが、例えば、シーケンス制御で順番に動作している途中で、現在の状態をセンサーなどで判定し動作を変更する。外部からの情報をもとに（フィードバック）制御を変更する。これが基本です。

　フィードバック制御の説明分では、操作量などの難しい言葉が出てきますが、フィードバックは基本的にアナログな制御だからです。例えば、車の速度制御で考えると、60 km/hで走る場合は60 km/hにまだまだ達しないときはアクセルを多めに踏んで、60 km/hが近づくとアクセルを緩めます。これが操作量で単純にON/OFFではないのです。テレビゲームではアクセルON/OFFで大丈夫ですが、実際の運転ではそうはいきませんよね（図1-4-2）。

図 1-4-1　シーケンス制御

図 1-4-2　フィードバック制御

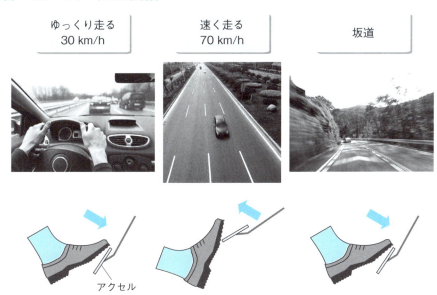

制御のプログラム

●プログラム

プログラムとはコンピュータに対する命令で、コンピュータと接続されて機械に対する命令です。プログラムが自分で考えて命令を出すのではなく、あらかじめ動作をプログラムとして書き込んでおきます。例えば、自動ドアの前に人が立つとドアが開きます。これも人を検知したらドアが開くようにプログラミングされているのです。

●ラダー図

プログラムと聞くと図1-5-1のようなアルファベットで書かれたものを思い浮かべるかもしれませんが、シーケンス制御でのプログラムは図1-5-2のようなラダー図を使うのが一般的です。ラダー図はもともとリレー回路から発展したプログラムなので、見た目もリレー回路のように接点とコイルで構成されています。慣れないとわかりづらいのですが、慣れれば一目で動きがわかるようになります。

シーケンス制御＝ラダー図だけとは限りません。ラダー図はシーケンス制御を行う手段であって、別の言語でプログラムを書いてシーケンス制御を行うこともできます。

図 1-5-1　プログラム（例　BASIC）

```
Sub Button1 _ Click
    Dim Mo As String
    Mo = Nyurok.Text
    If Len(Mo) = 0 Then
    ......
        ～
    End If
End Sub
```

図 1-5-2　ラダー図

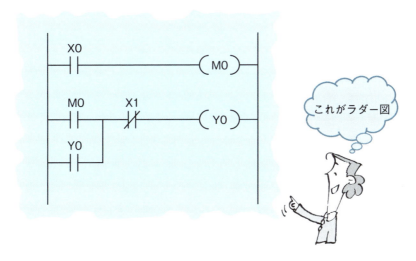

1-6 情報技術の発展

●情報技術

　情報技術とは、情報処理関係の技術のことで **IT**（Information Technology）と呼ばれています。コンピュータ関係の技術のことで、パソコンはもちろん、コンピュータ同士の通信、携帯電話、インターネットなども含まれます。また、インターネットを利用したサービスや、サービスのしくみなども情報技術に含まれます。

●シーケンス制御と情報技術

　シーケンス制御は工場での設備を制御するイメージが強く、情報技術とは関係ないように感じますが、近年の設備は設備間を通信ケーブルで接続し情報を共有することはめずらしくありません。

　また、同じ設備内であっても、表示器は測定器を接続するなどにも広く使用され、通信速度も高速化され、配線数も省配線化が図られています。図1-6-1は簡単な構成例です。

図 1-6-1 シーケンス制御と情報技術

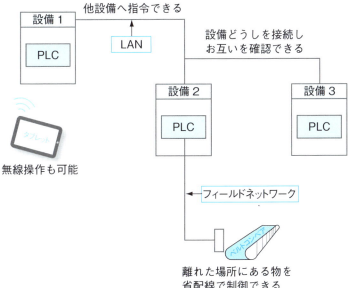

> ### ❗ シーケンス制御ってよく聞く？
>
> 　シーケンス制御について簡単に説明しましたが、実際にシーケンス制御という言葉は聞きますか？生産工場では確かに使われていますが、実際にはあまり耳にすることはないと思います。私自身あまり使うことがありません。
> 　実際に使うのは「ソフトを組む」、「プログラム」などです。「シーケンス制御で組む」などは使いません。ごくたまに、「シーケンスの動作」などのような使い方はしますが。
> 　そしてプログラムである「ラダー図」ですが、もっと使いません。基本的にはソフトで通じます。
> 　最後に**シーケンサー**という言葉はよく使います。これは三菱電機のPLCの名前がシーケンサーなのですが、三菱電機が大部分のシェアをほこっているため、PLC＝シーケンサーでも通用するのです。

第2章

シーケンス制御の動き

　シーケンス制御の動きといっても、シーケンス制御特有の動きというわけではありません。例えば、工場の中に設備があります。設備は普通に動いて生産しています。設備は設計どおりの動作を普通にしているだけで、シーケンス制御の動作をしているわけではないのです。シーケンス制御は動作させるための手段であり、仕組みなのです。順番に見ていきましょう。

2-1 操作する

●操作とは

　操作と制御は違うもので、**操作**は自分で判断し機械や設備を動かすことです。そしてこの動かすというのは自動で動かすのではなく、人が判断し人が動かしたり止めたりします。基本的には1カ所ずつ操作します。具体的な例で見てみましょう。

●車の運転

　車の運転は操作です。アクセルを踏んで前進しブレーキを踏んで停止します。ハンドルを回して進行方向を変えます。このように人が判断して動かします。基本的には1カ所ずつという意味は、例えばハンドルとアクセルは別々に操作します（図2-1-1）。

　ハンドルを切ったら自動的にアクセルを緩めたりしません。操作している人が緩めるのです。一言でいうとマニュアル操作ということになります。

●テレビゲーム

　ほとんどの方はテレビゲームをやったことがあると思います。コントローラーを使い中のキャラクターを動かします。コントローラーを押したとおりにキャラクターを動きます。これが操作です。ボタンを押していれば勝手に判断して動いたりはしません（図2-1-2）。

　このように人が動かすので、人為的なミスにより通常とは違う動きをして事故につながることもあれば、通常とは違う状況になっても対応できたりします。

図 2-1-1　車の運転

ハンドルを操作する

アクセルを操作する

図 2-1-2　テレビゲーム

キャラクターを操作する

ゲームをクリアできるかどうかは操作次第

2-2 制御する

●制御とは

　制御とは、自由に操作することに対して、一定の動作で操作するようにコントロールすることです。適当に操作すれば適当に動作してしまう機械に対して、自分の思いどおりに動くようにすることです。言葉で説明すると難しく感じますが、2-1 節の「操作する」で説明した例で見ていきましょう。

車の運転

　車の操作はほとんどの方ができると思います。それはハンドルを切ればタイヤの角度が変化しますし、アクセルを踏めば前進します。ただし、適当に操作すれば事故します。運転手が目でみて、道から外れないようにハンドルを操作し、一定のスピードになるようにアクセルを操作します（図 2-2-1）。

　障害物があればブレーキを踏みます。このように状況を判断して車を操作する。これが制御です。日常では「車を制御する」とはいいません。運転するといいますが、このように自分の支配下においている状態を制御しているといいます。

　雪道でタイヤが滑って「制御不能になった」といういい方をすると思います。これは操作はできるが自分の思いどおりに動作しなくなってしまった状態です（図 2-2-2）。

テレビゲーム

　テレビゲームはコントローラーを使いますが、制御は英語でコントロールといいます。コントローラはゲーム内のキャラクターを制御するものです。適当に操作すればすぐにゲームオーバーになるかもしれません。ゲームオーバーにならないようにキャラクターを操作します。自分の思いどおりに動作できている状態が制御している状態です。

図 2-2-1　車の運転

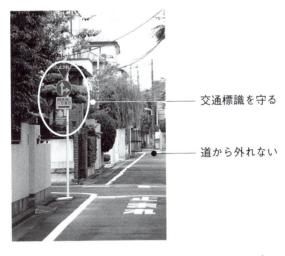

― 交通標識を守る

― 道から外れない

車を制御している状態で
道から外れないようにハンドルを操作して
速度を守るようにアクセルを操作しています。

図 2-2-2　制御不能状態

スピンしている車は、
ハンドルやアクセル操作はできるが
思ったように動かない
これが制御不能

2-3 駆動する

●駆動するとは

　操作や制御をしても、それを何らかの形で外部に出力しないといけません。車のアクセルを操作しても出力がなければ何も起こりません。運転中にアクセルを踏めばタイヤが回転して速度が上がります。この「タイヤが回転する」という動作自体が駆動するということです。

●出力とは

　いくらプログラムをつくっても、外部に出力できなければコンピュータの中でプログラムだけが実行されている状態です。先ほどの車の運手も同じでタイヤを駆動できなければただ単純にアクセルを踏んでいるだけです。

　このように操作することでタイヤが回転したりすることを**出力**と呼びます。出力がなければ制御もできません。そして実際にタイヤなどを回転させるような出力を**駆動**と呼びます（図2-3-1）。

　ここでは「タイヤが回転する」という例を使いましたが、タイヤだけではありません。ブレーキを踏めばブレーキキャリパーが駆動し減速します。照明のスイッチを入れれば照明が点灯します。これも出力です。

●信号の出力

　先ほど説明した出力は、大きな力が必要な出力です。シーケンス制御などの出力は一般的にコンピュータからの出力です。これは実際にコンピュータから大きな力が発生するのではなく、信号として小さな力を出力します。この小さな出力信号を外部の機器が受けて実際にモーターを回したり、リレーなどで受けて照明を点灯させます。一般的にコンピュータを使い制御する場合はこのように出力信号により外部の機器を制御します（図2-3-2）。

図 2-3-1　出力

プログラムが書き込まれた CPU

エンジン

この中でプログラムは動いているが
出力がなければ何も起きない。
ただプログラムが実行されているだけ

エンジンが動いても
タイヤに出力できなければ
車は動かない

図 2-3-2　信号の出力

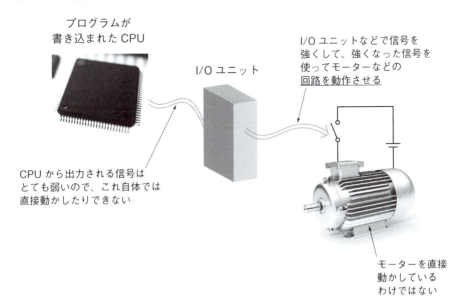

プログラムが
書き込まれた CPU

I/O ユニット

I/O ユニットなどで信号を
強くして、強くなった信号を
使ってモーターなどの
回路を動作させる

CPU から出力される信号は
とても弱いので、これ自体では
直接動かしたりできない

モーターを直接
動かしている
わけではない

2-4 検出する

●センサーによる検出

いくらシーケンス制御といっても、動作するきっかけが必要です。また動作中であっても、機械がいまどのような状態であるかを検出する必要があります。これらは一般的にセンサーというもので検出します。

例えばコンベアから部品が運ばれてきます。この部品をセンサーで検出します。この検出で機械は動作を開始します。機械についているシリンダーなどが動作し、部品をつかみます。このつかんだという信号もセンサーで検出します。このようにシーケンス制御では動作が一つ完了するたびに完了したことを信号で検出し、次の動作へ移ります。検出するものは部品だけではなく、機械自身の状態も常に検出しているのです（図2-4-1）。

●人間の五感のように万能ではない

センサーにより検出するのは基本的にあるかないかです。シリンダーでいえば前進しているか後退しているかだけです。部品がどこにあるかなどは検出できません。人間の目はいろいろなものを確認でき、自分で判断して手を動かしたりできます。人間にしてみればとても簡単なことです。

しかし、機械ではあるかないか、自分が手を伸ばしているのか引っ込めているのかなどように簡単な情報しかわかりません。この情報だけで動いています。カメラなどの画像処理では検出したものの形や位置を確認できますが、やはり人間の目のように万能ではありません。まだまだ人型ロボットが完成するまでは時間がかかりそうですね（図2-4-2）。

図 2-4-1　センサーによる検知

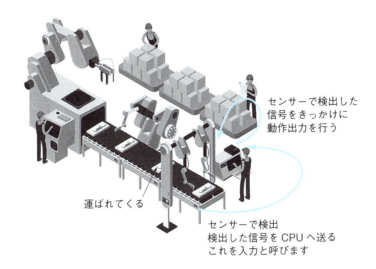

センサーで検出した信号をきっかけに動作出力を行う

運ばれてくる

センサーで検出
検出した信号を CPU へ送る
これを入力と呼びます

2・シーケンス制御の動き

図 2-4-2　人間と機械の違い

目で確認　　音を感知

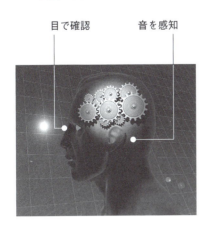

当たり前のように行っているが機械には難しい

ビジョンセンサー（カメラ）

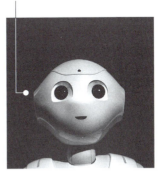

映像は入力できるがそれが何なのかは自分で判断できない。
動作をプログラムする必要がある。

2-5 表示する

●機械の状態を表示する

　機械の状態を表示するといっても、最初は何のことかわからないかもしれません。例えば、一連の動作をする機械があるとします。条件によって動作を進めていくのですが、条件が整わないと次の動作を行いません。条件が整うまで待機しています。このような状態を**サイクル動作中**と呼び、条件が整うとどんどん動作を進めていきます。

　サイクル動作中でも一見機械が止まっているように見えるので、調整しようとすると突然動き出すかもしれません。これは大変危険なことです。そこで今現在設備がどのような状態かを、人が見てわかるように表示する必要があります（図 2-5-1）。

●いろいろな表示方法

　昔は表示する手段が限られていたためランプなどを点灯させることが一般的でした。そして今でもランプ表示はよく使われます。これは点灯しているか消灯しているかだけなので、目で見てすぐわかるからです。表示するときは一目でわかるように表示しなければいけません。わかりづらい表示やまぎらわしい表示は危険です。今機械が動いているのか、止まっているのか、故障しているのかわかりにくいからです。

　近年主流な表示方法はタッチパネルを使った表示です。画面のレイアウトもパソコンで編集できるため、さまざまな表示ができ、画面の切り替えもできるため、たくさんの表示や操作ができます。

図 2-5-1　状態を表示する

設備は待機中であっても運転中なので、このまま設備の中に
手をいれることは大変危険です。
部品を検知するセンサーが反応したら
設備は動き出すためです。

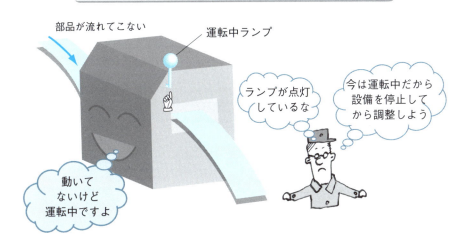

⚠️ ロボットには注意

　最近ではロボットは身近な存在になっています。力も強く、人間と同じような動作をできるものもあります。産業用ロボットもスムーズに動作し、なにやら優しいイメージがあるかもしれません。

　しかし、ロボットはただプログラムどおりに動作しているだけでそこには感情も何もありません。ロボットの動作範囲に人が入ってもロボットは関係なく動作します。ロボットの関節が多いと、予想外な動きをしてきます。プログラムなどをミスすると大変危険な機械なのです。

　産業用ロボットの可動範囲には頑丈なカバーや柵が設置しているのは、危険だからです。仕事などで産業用ロボットを触る機会のある方は十分注意して触ってください。

第3章

身近な
シーケンス制御

　私達の身のまわりにあるシーケンス制御についてみていきます。工場などで使われている生産設備とは違い、制御に使う機器も動作もさまざまです。シーケンス制御だけではなく、そのときの状況によって制御する量（操作量）を変化させるフィードバック制御も少し説明します。

　また、シーケンス制御の説明だけでは同じような説明になりますので、機器の説明、機器を使う目的など、一歩先の説明も行います。

3-1 全自動洗濯機

●洗濯機

　洗濯機は衣服を洗濯する機械で、ボタンを押せば人の変わりに自動で作業をしてくれます。人が行う作業は洗濯物の出し入れとボタンを押すことと洗剤を入れるくらいです。後は洗濯機が自動で洗濯してくれます。洗濯機はドラム式と縦型がありますが、前者はたたき洗い、後者はもみ洗いが原理といわれています。

●動作のしくみ

　スタートボタンを押せば「給水」⇒「洗濯」⇒「すすぎ」⇒「脱水」と順番に作業していきます。洗濯機の種類にもよりますが、このように順番に動作するようにプログラミングされています。

　給水という動作は、本来洗濯機に水を入れないといけないのですが、給水用のホースを蛇口に接続し、蛇口を開いておけば給水弁が蛇口の変わりに水を止めたり入れたりしてくれます。

　全自動洗濯機は人がする作業の代わりを機械が行い、制御はあらかじめ行う動作を決めておいて順次動作させていきます。生産工場などのシーケンス制御の目的は主に合理化です。人が行う作業を機械に行わせ、人が作業しなくてもいい状態にします。全自動洗濯機はシーケンス制御のモデルにぴったりなのです。

　給水弁を開き水を張り、水位センサーで給水確認できたら給水を停止し洗濯を開始します。あらかじめ決められた時間を選択すると「すすぎ」に入ります。「すすぎ」と「脱水」もあらかじめ決められた時間を動作したら選択完了となります（図3-1-1）。

図 3-1-1 洗濯機のしくみ

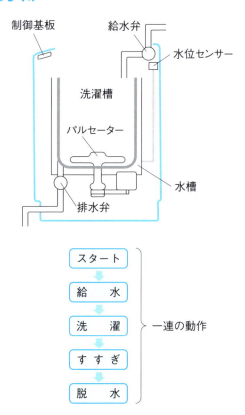

3-2 炊飯器

●炊飯器

　電気がない時代はご飯を炊くのも一苦労だったと思いますが、今は炊飯器という便利なものがあります。お米と水を入れてスイッチを押すだけで、自動でできあがります。火加減も自動で行い、できあがればブザーで知らせてくれます。

　炊飯器も実際に人が行う作業と同じように、炊飯器内にプログラミングされたとおりの動きを行っています。「浸し」⇒「炊飯」⇒「蒸らし」⇒「保温」と順番に動作を行います。

　「炊飯」の工程では実際の釜の温度を測定し、加熱量を調整します。また、温度の上昇速度などからも、炊飯するお米の量を計算し、適切な火加減を行っています。このあたりは測定値（釜の温度）を入力し、操作量（加熱量）を調整するフィードバック制御も含まれています。

● IH 炊飯器

　炊飯器には大きくわけてIH式とマイコン式（ヒーター式）があります。マイコン式は古くからあるタイプで、釜の下にヒーターがあり、ヒーターが熱くなり釜を温めるしくみです。マイコン式では釜の下側と側面で温度が違い、側面から温度が逃げていくため炊きむらが出やすくなります（図3-2-1）。

　一方、IH式は誘導加熱（Induction Heating）を利用します。釜の周りにはIHコイルがあり、このコイルから発生する磁力を利用します。磁力が変化するときに釜には電流が流れます。これを**うず電流**と呼びますが、この電流によって釜を温めます。磁力を変化させるには交流電源を使用すればいいのですが、さらにパワーを上げるために高周波電流をIHコイルに流します。釜自体がヒーターとなるため炊きむらも出にくくなります（図3-2-2）。

　電流による加熱は内部も含め全体から加熱できるため効率がよく、温度の上がり方も速いです。

図 3-2-1 マイコン式炊飯器

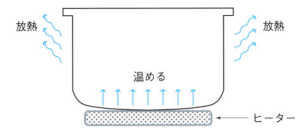

底から温めるが、側面から熱が
逃げて均一に温められない。

図 3-2-2 IH式炊飯器

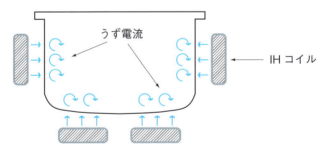

IHコイルから高周波の磁力を発生させる
と釜自体がヒーターのように温まる。

3-3 自動車

●自動車

現代社会においてはどうしても必要なもので、私達を遠くに運んでくれます。都会に住むと公共の乗り物が充実しており自動車の必要性を感じられないかもしれませんが、都会から少し離れるとどうしても必要となります。

2章でも少し紹介しましたが、車の運転は人が行う「操作」です。そして適切な操作で車を制御します。この部分はシーケンス制御とは別です。ではどのあたりにシーケンス制御が使われているかというと、基本的には便利になった部分です。

●ボタン1つで運転可能

一昔前は鍵を挿して、まわしてエンジンをかけていました。最近の車は鍵を挿さないタイプが多いです。ボタンを押せば発進可能な状態になります。これはボタンを押したとき、ポケットの中の電子キーと照合して車の電源を入れています。鍵を挿してこの車の鍵かどうかの照合を自動で行っています。そして鍵を回してエンジンを始動し、エンジンが始動したら鍵を放してセルモーターを停止する。このあたりも自動化されています（図3-3-1）。

●完全自動運転はまだ先

自動車の今後の目標は自動運転だと思います。人が運転するからミスをして事故を起こします。人間には感情があるので、疲れたときは違うことを考えたりして、うっかり事故を起こします。その点機械が運転すれば決められた動作しか行わないので「うっかり」はなくなります。**人工知能**とも呼ばれますが、完全自動化された車が公道に出るのはまだ先の話です。それは現在の道路は人が運転することが前提で整備されているためと、人が運転する車と共存すること、歩行者への対応が難しいからです。機械からしてみれば人が次にどのような行動をするかは全く不明なのです（図3-3-2）。

図 3-3-1　便利になる機能

古い自動車

新しい自動車

この鍵で車のドアを開けたりエンジンをかけないといけない

鍵はポケットに入れたままでボタンを押すだけ

図 3-3-2　自動運転

次の交差点には信号がありません

人がいるので動けません

3・身近なシーケンス制御

3-4 冷蔵庫

●冷蔵庫

　普段何気なく使用している冷蔵庫。一家に1台あると思いますがどのような原理で冷えているのでしょうか？例えば、お湯を沸かすときは、鍋に水を入れ、熱をあたえます。つまりエネルギーをあたえて温度を上昇させます(図3-4-1)。そして冷蔵庫は温度を下げるので熱を奪うのです。冷蔵庫にもコンセントをつなぎ電気を供給しているので、何らかのエネルギーをあたえ温度を下げているようにみえますが、これは熱を奪うための動作に使うエネルギーです（図3-4-2）。

　熱を奪えば、そこからエネルギーが得られるので逆に電気が必要ないように思えますが、そんな都合よくはいきません。奪った熱は外に排出するしか使い道はありません。

●冷える仕組み

　では熱を奪うためにはどうしたらいいのでしょうか？一般的な冷蔵庫には気化熱を利用します。**気化熱**とは液体が蒸発して気体に変わるとき、周囲の熱を奪っていく現象です。例えば、お医者さんで注射を打つとき、まず消毒します。消毒をした箇所はひんやりします。消毒はアルコールなので、アルコールが常温で気化するときに皮膚の熱を奪いひんやりするのです。

　冷蔵庫にはアルコールではなく冷媒というものを使います。冷媒は消費するものではないため、漏れない限り循環して使い続けます。まず冷媒を圧縮します。これにより沸点が下がり液体となります。その後放熱をして、常温で高圧状態の冷媒となります。この冷媒を冷蔵庫内に送り込み圧力を戻すと沸点が下がり蒸発して気体へと変化します。この気体へと変化するときに周りの熱も奪っていきます。これが冷蔵庫内で行われたとき、冷蔵庫内の熱を奪います。熱を奪って気体となった冷媒は冷蔵庫の外に送られ再び圧縮され液体となります。このサイクルを繰り返すことで冷蔵庫内の熱を奪い、冷蔵

庫外へ排出しているのです（図 3-4-3）。

図 3-4-1　熱をあたる

熱をあたえる

図 3-4-2　熱を奪う

冷気をあたえるのではない

熱を奪う

図 3-4-3　冷える仕組み

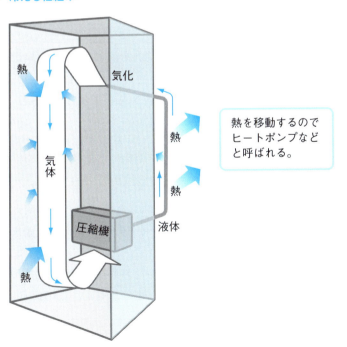

熱を移動するのでヒートポンプなどと呼ばれる。

3-5 電子レンジ

●電子レンジ

　食品を温めるにはまず電子レンジが思いつくと思います。食品を入れてスイッチを押せばあっという間に温まります。とても不思議な機械ですが、戦時中は軍事用としても開発が進められていました。

　単純に温めるだけではなく、解凍やヒーターを使い直接温める機能もついて大変便利な機械です。

　一昔前は単純にタイマーで制御されていて、設定した時間だけ温めるといった感じです。近年では赤外線センサーを使い、食品の温度を確認しながら制御しています。そのため食品を入れてボタンを押すだけでいいのです。

●マイクロウェーブ

　電子レンジは英語で**マイクロウェーブオーブン**（Microwave Oven）と呼ばれ、その名のとおりマイクロ波を使い食品を温めます。原理は食品内にある水の分子を振動させ、その摩擦によるエネルギーで食品を温めます。水の分子は**極性分子**と呼ばれ電気的な極性が若干あります（図 3-5-1）。そのため普段はばらばらな方向に向いていても、電磁波をあたえると一定の方向に向きを変えます。つまり電磁波の方向を変えると水分子の方向も変わります（図 3-5-2）。

　そしてものすごく高速で電磁波の方向を変化する電磁波を**マイクロ波**と呼びます。2.4 GHzであれば1秒間に24億回も電磁波の方向を変えています。つまり水分子の方向も高速で変化し、分子同士の摩擦で食品が温まります（図 3-5-3）。

　水分子を利用しているため、食品をのせたお皿などは食品からの熱が伝わって温まる程度で、直接マイクロ波では温まりません。このように軍事用よりも食品を温めるのに適した機械なのです。

図 3-5-1　極性分子

水分子 H₂O　　　　　電気双極子

図 3-5-2　水の分子を一定の方向に変える

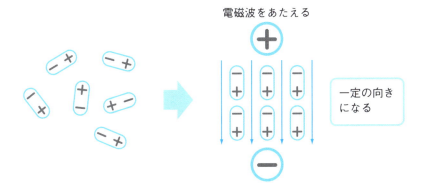

図 3-5-3　分子同士の摩擦で食品が温まる

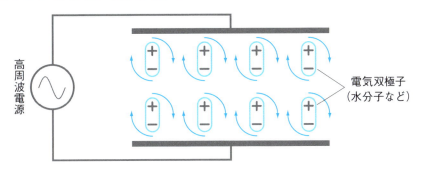

3-6 扇風機

●扇風機

　夏といえば扇風機。スクリューみたいな羽根が回って風が発生します。

　扇風機にはいろいろな種類がありますが、機能はだいたい同じです。タイマー機能を使えば設定時間がくれば自動的に停止します。運転中という条件でタイマーが設定され、設定時からカウント開始します。設定時間に到達すればカウントアップしモーターが停止します（図3-6-1）。このようなタイマー制御は、シーケンス制御ではよく使われます。

● AC モーターと DC モーター

　扇風機といっても基本的には羽が回転して風を発生させるだけなので、扇風機に使われているモーターについて少し説明します。

　AC モーターの扇風機は一般的に普及されているタイプで、モーターが大きく価格も安い扇風機です。AC モーターは誘導電流を使って回転させます。ローターの周りを高速で磁石を回転させると起電力が発生してローターが回転しますが、この高速で磁石を回すという作業をローターの周りのコイルが行います。コイルに流れる電流の位相を変えることで、実際に磁石が回っているわけではありませんが、磁石が回っているのと同じ現象が起こります。

　DC モーターは少し高価でおしゃれな扇風機に使われます。モーターが比較的に小型かできますが、制御が少し複雑でどうしても高価になります。省電力なのですが、扇風機自体もともと省電量なので、電気代が安くなったとは感じないでしょう。

図 3-6-1　タイマー

図 3-6-2　扇風機のモーター

モーターの周りを磁石が回っているイメージ。
実際は回せないので、電流の流し方で
磁石が回っているように磁束を発生させる。
詳しくは「3-11節 モーター」で解説。

3-7 信号機

●信号機

　交差点でよく見かける信号機。青で進め。赤で止まれ。皆さんも知っているはずです。信号機がなければ交通事故が異常に多く発生するでしょう。停電などで一時的に信号機が止まることがありますが、交差点は非常に危険な状態となります。

　余談ですが、赤信号で警備員が「進め」と誘導し、赤信号なのに進むと信号無視になるので注意してください。

　さて、単純に青、黄、赤と光る場所を変えている信号機ですが、実は意外と高度な制御を行っています。

　いつも見る信号機。でもたまに赤になるタイミングが違うと感じることはありませんか？ 実は時間帯によって青の時間を延ばしたり、青、赤の時間を短くしたり調整しているものもあります。また次の信号と連携し、順番に青に変わるように制御されていたりします。これはいかに渋滞をなくし、スムーズに車が流れるように制御されているのです（図 3-7-1）。

●制御方法

　制御方法もいろいろあるみたいですが、時間帯によって自動で変化するものや（夜間は点滅）、交通管制センターが交通状況に応じてコントロールしているものなどがあります。単純に青→黄→赤と切り替っているだけではないのです。

　近年では、バスが近づくと優先してバスが時刻表どおりに走れるよう信号を調整するものもあります。

図 3-7-1　信号機のタイミング

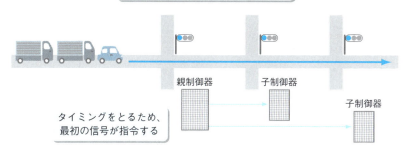

図 3-7-2　信号機のネットワーク

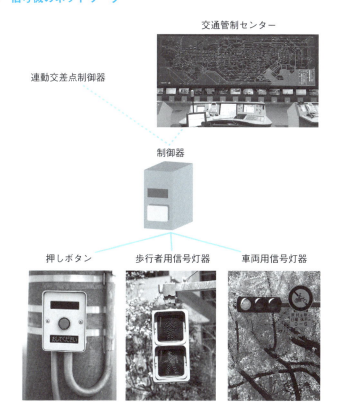

3-8 表示灯

●表示灯

　表示灯といってもいろいろな種類があります。電光掲示板なども表示灯ですし、先ほど説明した信号機も表示灯です。ここでは機械の状態を外部に表示する表示灯を説明します。

　機械が現在運転中なのか、停止中なのか、どのような状態かわからなければ大変危険です。そのため機械自身がどのような状態か表示する必要があります。例えば、エレベータの中は、現在の階や上昇中なのか下降中なのかなどが表示されています。

●シグナルタワー

　工場にある自動で動作する設備にはほとんどついていると思います。設備の高い位置についていて、赤色、黄色、緑色の3段式や2色の2段式が多く使われています。運転中は赤色など、使う色は工場によってさまざまです。また、表示する内容もさまざまです。そのため同じ赤色でも工場（別会社）によっては「運転中」であったり「停止中」であったりするので注意してください。

　シグナル・タワー（図3-8-1）は設備の高い位置に取り付けることから、目的としては遠くから設備の状況を確認することが重要です。例えば、設備がトラブルで停止してもいち早く気づけます。気づかなければ復旧もできないため、ずっとトラブル停止したままです。

●タッチパネル

　スマートフォンなどにも使われていますが、工場の設備にも使います。これはスイッチなどのレイアウトをパソコンでつくることができ、レイアウト変更も容易だからです（図3-8-2）。

図 3-8-1　シグナル・タワー[*]

提供：株式会社パトライト[*]

図 3-8-2　タッチパネル

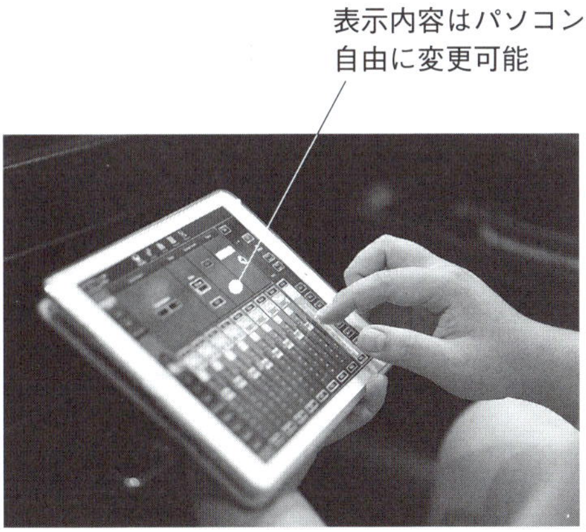

表示内容はパソコンで
自由に変更可能

---

[*]　「シグナル・タワー」「パトライト」は株式会社パトライトの登録商標です。

3-9 自動販売機

●自動販売機

　お金をいれてボタンを押すとジュースが落ちてきます。日本人なら誰もが知っている自動販売機。いろいろなところで見ると思いますが、実は人口あたりの自動販売機の数は日本が世界一なのです。一番の理由は治安の良さだといわれています。

　お金を入れるとお金を計算し、商品の金額と比較しておつりをかえす。当たり前のように使っていますが、実はすごい機械なのです。

　さらに、自販機はほとんどが冷たい商品は冷たく、温かいものはちゃんと温まっています。たまに人が商品を補充していますが、常温のものはほとんど出てきません。これにはどのようなカラクリがあるのでしょうか？

　最近の自動販売機はオンラインで管理されています。つまり商品がなくなりそうになったら、なくなる前に補充しています。だから常温のものはあまりでないのです。常温の商品を補充しても、まだ温かい商品が下にあるからです。

　オンラインでない自販機でも、売り切れ表示が出ても実は中に1本残っています。温まった商品を1本残しているわけです。

●工数削減

　コンビニなどでジュースを買うと店員にお金を渡さなければいけません。店員という人が必ず必要で、お店のオーナーは店員に給料を払わなければいけません。自販機の場合は電気代を払えば文句もいわずに働いてくれます。

　ここが重要で、例えば、店員に5年間給料を払う総額と、自販機の購入と5年間分の電気代の総額でどちらが安いか計算します。自販機は本体が高いので4年くらいまでは自販機の総額のほうが高いかもしれません。しかし5年以降は自販機のほうが安くなり、電気代だけ払えばいいかもしれません。店員を雇った場合は5年目以降も給料を払わないといけません。このように

人の変わりに機械を使い、人を雇わないことを**工数削減**といいます。

　工場使用される機械は基本的に作業者を削減するためつくられます。よく**設備投資**などと呼ばれています。

図 3-9-1　設備投資

ジュースを売る限り
店員さんに給料を
払う必要がある。

最初に大きな費用が必要
だが、払ってしまえば
残りは電気代を払えば
自動販売機がジュースを
売ってくれる。

3-10 産業用ロボット

●産業用ロボット

一昔前の工場の機械といえば、シリンダなどを組み合わせてつくるのが一般的でしたが、近年ではロボットが多く使われています。シリンダなどをたくさんつけるよりも、ロボットを使ったほうがシンプルで、動きも簡単に変更できるためです。

産業用ロボットは可動範囲内を自由に動作でき便利ですが、逆に動作範囲内に人がいるとぶつかる可能性があり危険です。人でなくても機械同士でもぶつかるので、移動するプログラムは上手につくる必要があります。

●垂直多関節型

通称、**ロボットアーム**と呼ばれるタイプです。人間の腕のような関節で、いろいろな方向に動けて、自由度が高いのが特徴です（図 3-10-1）。

●水平多関節型

通称、**スカラロボット**と呼ばれるタイプです。可動部分が水平になっていることから、基本的には水平移動と上下移動しかできません。部品の移載作業に適しています（図 3-10-2）。

●パラレルリンク型

通称、**デルタロボット**と呼ばれるタイプです。複数のアーム（軸）でロボット先端の1つのプレートを動かします。高速、高出力が特徴です（図 3-10-3）。

●直行型

短軸の直行ロボットを縦横に組み合わせた構造です。動作の自由度は低いですが、シンプルなのが特徴です（図 3-10-4）。

図 3-10-1　垂直多関節型

図 3-10-2　水平多関節型

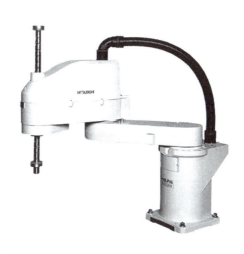

図 3-10-3　パラレルリンク型

図 3-10-4　直行型

3-11 モーター

●直流モーター

　最もシンプルなモーターで、模型やおもちゃにもよく使われています。磁石の反発を利用しますが、外側に永久磁石を固定して、内側の回転部分は電流を流すと磁石になる電磁石を使います。

　電流を流すと回転する部分が電磁石となり、磁石同士で反発して回転します。回転するとブラシ部分も回転するため、電流の方向が変わり電磁石のNとSもかわり、また反発します。回っても回っても反発するため、回り続けます（図 3-11-1）。ブラシ部分が接触しているため磨耗するので、定期的に交換が必要です。

●交流モーター

　身近なところでは扇風機などに使われています。誘導電流を使うためブラシ交換ありません（ブラシがない）。

　仕組みは少し複雑で、**アラゴの円板**と呼ばれる銅の円板を磁石ではさみ（触れないように）、磁石を回転させると円板も一緒に回転します。磁石を回転させると銅板には磁束により起電力が発生し、誘導電流が発生します。誘導電流が発生すると、フレミング左手の法則で磁石が回転する方向へ力が発生します。これにより磁石が回転したら、同じ方向に銅板も回転します（図 3-11-2）。

　実際には磁石を回転させるわけにはいきませんので、回転していると同じような状況にします。交流電流は常に電流の方向が変化しています。この特性を利用して、磁石の変わりにコイルを使って交流電流を流すと、磁束NとSの向きが常時変化する電磁石となります。そして電流波形を半分進めた電流を、先ほどのコイルとは90度角度をつけたコイルに流します。こうすることで、磁石が回転していると同じ状況となり、モーターの軸が回転します（図 3-11-3）。

図 3-11-1　直流モーター

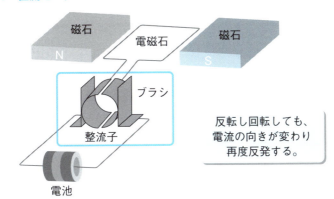

反転し回転しても、電流の向きが変わり再度反発する。

図 3-11-2　アラゴの円板

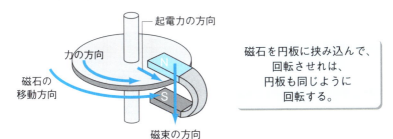

磁石を円板に挟み込んで、回転させれば、円板も同じように回転する。

図 3-11-3　交流モーター

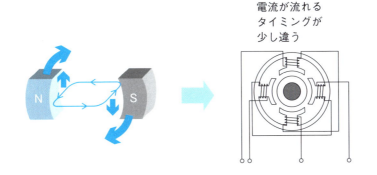

電流が流れるタイミングが少し違う

実際に磁石を回転させることはできないので、コイルを使って電流を流すタイミングを変えて実現する。

3-12 温度調節器

●温度調節器

温調器と呼ばれることもあります。例えば、はんだごての温度を一定に保つものや、装置内の温度を一定に保つものなどいろいろな分野で使われます。温度設定を行えば、ヒーター出力を自動で調節し、設定温度になるように制御します。設定値に対して単純に出力をコントロールしているのではなく、現在の温度を読み込んで制御しています。これは**フィードバック制御**と呼ばれ、現在値や情報を常に取り込みながら、取り込んだ値に対して出力値を制御しています（図3-12-1）。

● PID 制御

少し難しい話になりますが、温調器などは基本的に PID を使います。Pとは比例動作（図3-12-2）で、設定温度に対して現在温度が大きく離れているときは出力を100%にして、設定温度に対して現在温度が近づくと出力を少しずつ下げていきます。設定値と現在値の差を**偏差**と呼び、偏差が大きいと出力を大きくします。偏差に出力を比例させるイメージです。そして出力の大きさを**操作量**と呼びます。

Ｉとは積分動作で、比例動作だけでは現在値が設定値に近づくと出力が小さくなり設定値に到達できません。設定値と現在値が平行線となります。その最後の一押しを行うのがＩ動作です（図3-12-3）。

Ｄとは微分動作で、外乱（例えばはんだごての場合、こて先を水に入れるなどして、通常とは違う要因で現在値が急激に変化するなど）などにより急激に現在値が変化した場合、早くもとの状態に戻すように操作量を制御する動作です（図3-12-4）。

温調器ではこのような制御を行っていますが、実際には設定値を決めて、温度の上昇速度みながら PID の値を調整するだけです。

図 3-12-1　一般的なフィードバック制御

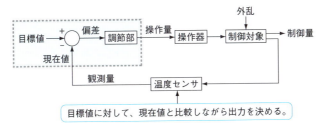

目標値に対して、現在値と比較しながら出力を決める。

図 3-12-2　P動作

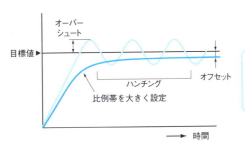

目標値が近づくと操作量を小さくすれば、緩やかに近づく。速く動作させるとハンチングする。

図 3-12-3　I動作

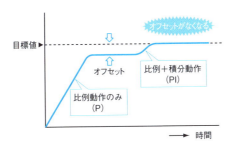

比例動作だけでは目標値まで到達できないので、押し上げる。

図 3-12-4　D動作

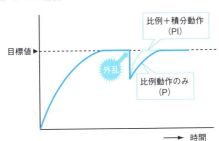

外部からの要因で急激に現在値が変化した場合、すばやく復旧する。

3・身近なシーケンス制御

3-13 自動化設備

●自動化設備

　FA（FACTORY Automation）ともよばれ、生産工場にある設備です。工場ではいろいろなものを生産しています。最初は人の手によって生産されますが、人が生産すると従業員の方に給料を払わなければいけません。そのため払った給料よりも高い値段で売らないといけません。そこで単純な作業は機械により自動化します。人の変わりに機械が働けば、給料を払う必要がなく、儲けを増やしたり、販売する値段を下げたりできます。

　これは**合理化**と呼ばれ生産工場ではどこでも実施されていますが、単純に機械の値段は従業員の給料よりも高いので、元が取れるのは5年くらい先になります。

●品質と生産性

　自動化設備を導入するのは合理化のためだけではありません。機械にできる作業であれば、人よりも機械のほうが正確であり、人のようにうっかりミスもありません。トラブルに対する対応や、日ごろからのメンテナンスができていれば、人が作業するより高品質な製品がつくれます。

　また、単純作業や細かい作業の場合、人が作業するより圧倒的に速く作業ができます。作業が速いと生産できる数も増えるため、大きな受注にも対応できます。在庫を少なく短納期というのが近年のスタイルなので、急激な受注の増加にも対応できる生産能力も必要なのです。

　機械の機能も向上し、人ができることは機械もできるようになれば、工場の中はほとんど従業員がいなくなる日もくるかもしれません。

図 3-13-1　自動化への設備投資

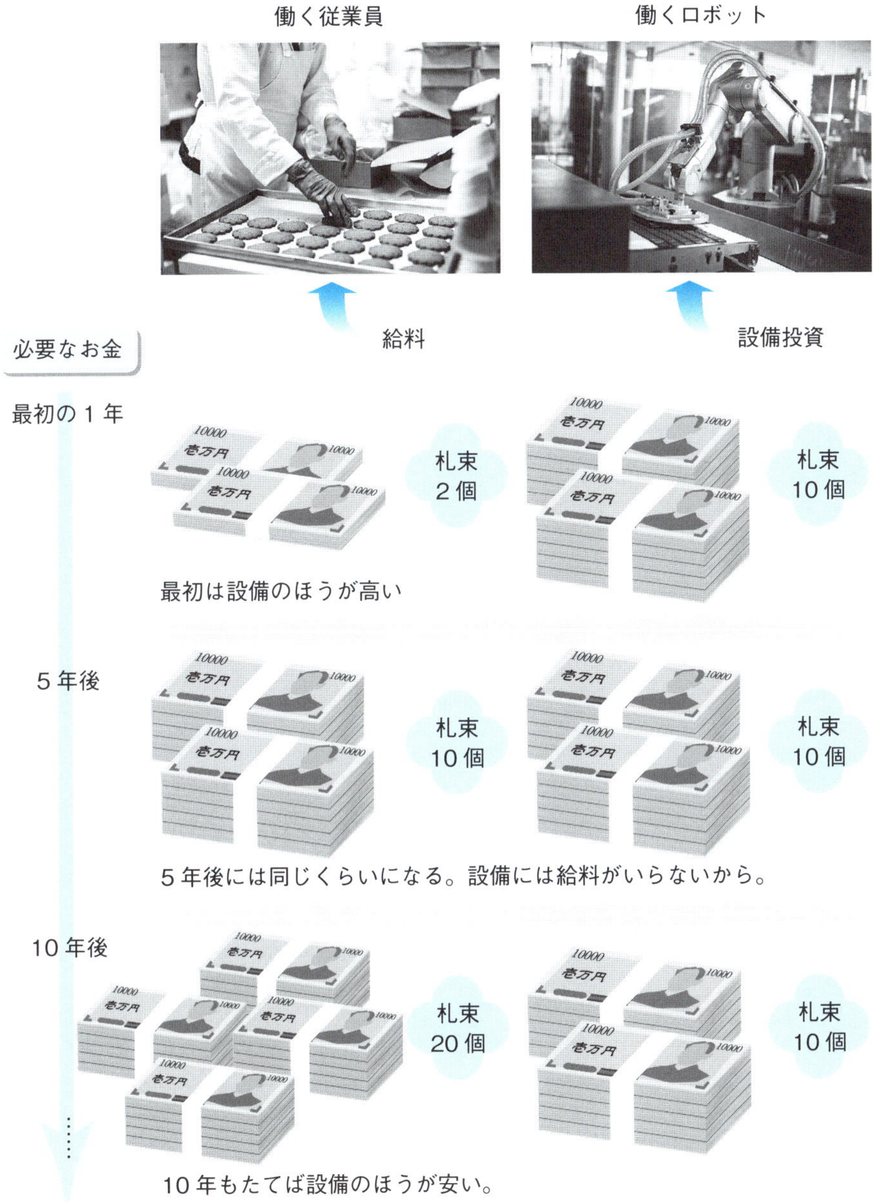

働く従業員　　　　　　　働くロボット

給料　　　　　　　　設備投資

必要なお金

最初の1年　　札束2個　　札束10個

最初は設備のほうが高い

5年後　　札束10個　　札束10個

5年後には同じくらいになる。設備には給料がいらないから。

10年後　　札束20個　　札束10個

10年もたてば設備のほうが安い。

3・身近なシーケンス制御

3-14 エレベータ

●エレベータ

　ホテルやショッピングモールなど、大型の建物であればほとんど設置しているエレベータ。普段何気なく使っている大変便利な乗り物です。エスカレータの場合は常に動作しているので基本的には待つ必要がありませんが、エレベータはどこかの階で止まっているのでまずは呼ぶ必要があります。

　一番下の階と一番上の階の場合は、行きたい方向は決まっているのでボタンは1つしかありません。しかし、中間の階の人は、下の階に行きたい人もいれば、上の階に行きたい人もさまざまです。そのため行きたい方向のボタンがついています。例えば、上に進行中のエレベータがあるとして、下に行きたい人が下のボタンを押してもエレベータは止まってくれません。一度上に到着してから下に進行中になれば停止します。このあたりの制御もシーケンス制御で行っています。

　エレベータにはかごとは逆方向に動くカウンターウエイトがついています。このウエイトにより軽い力で上下できます（図3-14-1）。

●スムーズな動作

　最近のエレベータはとても速くスムーズです。超高層ビルのエレベータなどはちょっとした話題になります。昔のエレベータは止まるときにすごい衝撃があったりして少し不安になります。

　これはモーターに対してインバータで加減速をつけているためです。ゆっくりまわし始めて、徐々に速くします。停止も少しずつ速度を遅くします。このさじ加減がスムーズなエレベータとなります。インバータは周波数を変える装置で、交流モーターに対して周波数を変えると、速度を変更できます（図3-14-2）。

図 3-14-1　エレベータ

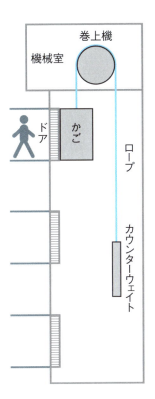

図 3-14-2　スムーズな動作

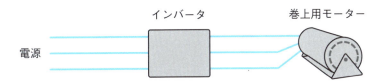

3-15 自動ドア

●自動ドア

　大きなお店などの入口はほとんど自動ドアです。人がいないときは閉まりますので、建物の空調の省エネにもつながります。基本的には人が近づくと開き、人がいなくなるとしばらくしてしまります。

　自動ドアは一般的に引き戸タイプですが、一部では開き戸タイプもあります。海外の一部施設で見たことがありますが、大きな開き戸タイプの自動ドアが自分の方に向かって開くとびっくりして身構えてしまいます。

●検知方法

　自動ドアといっても何かしらの方法で人を検知しないといけません。検知して初めて開きます。検知方法は、昔は足踏み式が一般的でした。これは自動ドアの下の床にスイッチが埋め込まれていて、人が乗ると体重で沈み、スイッチが反応して人を検知するものです。

　最近では自動ドアの上部にセンサーが取り付けられており、センサーに反応したらドアが開くしくみです。そして通過中の人を感知する補助センサーもついています。

　基本的にはセンサーが反応しなくなってから一定時間経過したらドアが閉まります。一定時間はタイマーでカウントして、その間にセンサーが反応するとタイマーはリセットされます。このタイマーがないと、人が通るたびにドアが開いたり閉まったり細かく動いてしまうので、タイマーを入れています。

　おもしろいのが非接触式のタッチセンサーで、ドアに「軽く触れてください」などと書いています。実は触れる部分にセンサーはなく、ドアの上部などから検知しています。

図 3-15-1　自動ドア

図 3-15-2　検知方法

人を検知 ➡ 開く ➡ しばらく人を未検知 ➡ 閉まる

一般的な検知方法

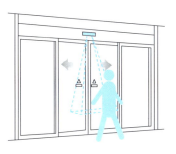

非接触のタッチ式は、実は上部から検知している

3・身近なシーケンス制御

3-16 風呂の湯張り

●自動給湯器

　最近のお風呂はボタン1つでお湯が張れます。自動お湯張りの種類は大きく分けてフルオート（全自動）とオート（自動）があり、**フルオート**は水位を監視しています。**水位**とは現在浴槽にお湯がどれくらいの高さまであるか確認できる機能です。フルオートとオートの差は水位センサーですが、このセンサーの有無で制御方法は全く違うものになります。

●フルオート

　基本的な動作は「スイッチを押す」→「一定の水位で停止」→「追炊き、保温」です。この水位を監視することで、お風呂のお湯が人為的に減らされても自動で足し湯することができます（図3-16-1）。

●オート

　基本的な動作は「スイッチを押す」→「一定の量で停止」→「追炊き、保温」です。オートでは水位の監視ができないので、浴槽に送ったお湯の量を監視しています。この場合、送ったお湯の量しか見ていないので、途中でお湯を抜かれてもわかりません。50ℓ送れば、50ℓ送ったという前提で制御されます。

　フルオートのように人為的にお湯が減らされても監視できないので、自動で足し湯はできません（図3-16-2）。

●欠点

　自動給湯器は便利ですが、思わぬ欠点があります。お風呂の栓を忘れるとほとんどの場合初期段階での検知は難しいのでかなりの量のお湯を捨てることになります。

図 3-16-1　フルオート給湯器

スタートスイッチを押すとお湯はりを行い自動で停止。
停止方法は水位を監視しているので、一定の水位になれば停止。

水位を監視しているので、一定水位以下になると自動で足し湯も可能。
一定水位まで足し湯を行う。

図 3-16-2　オート給湯器

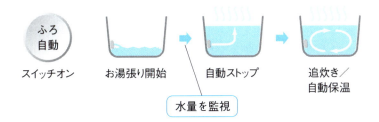

送り出したお湯の量を監視。一定量送ると自動で停止。
水位は監視していないので、自動で足し湯はできない。
足し湯のときも一定量のお湯を送る。

3-17 発電所

●発電所の種類

　普段何気なく使っている電気ですが、これは発電所が常に電気を作っているため、私たちはいつでも安定した電源を使うことができます。主な発電手段として、火力発電、風力発電、水力発電、原子力発電などがあります（図3-17-1）。

　いろいろな種類の発電所がありますが、実は最終的に発電する方法は似ています。結局は発電機を回転させて電気を発生さて、この発電機を回転させる手段として火力を使ったり水力を使ったりするわけです。

●火力発電

　火力発電は天然ガスや石炭などの燃料を燃やし、火の力で発電します。まずは燃料を燃やして水を沸騰させます。水が沸騰すると気化し蒸気となります。この蒸気を使ってタービンという羽を回し、タービンの回転する動力で発電機を回します。そのため燃料で直接発電機を回しているわけではありません（図3-17-2）。

　実際には水にものすごい圧力をかけ沸騰しない状態にして、タービン前で圧力を解放し一気に蒸気圧を高くしタービンを回します。この水が沸騰しない状態まで圧力を上げた状態を**超臨界水**と呼びます。

●原子力発電

　基本的には火力発電と同じですが、燃料がウランなどの核燃料になります。そのため直接核燃料でタービンを回しているのではなく、火力発電と同じよう水を沸騰させて、蒸気を利用してタービンを回します。

図 3-17-1　発電所

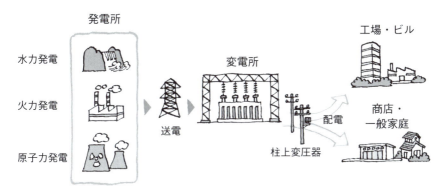

図 3-17-2　発電の仕組み

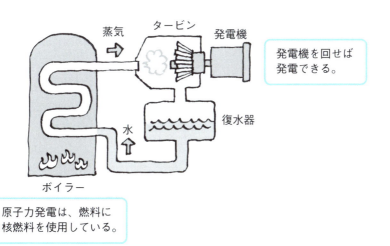

3-18 トンネルの排気・換気

●ジェットファン

　長いトンネルの上部に飛行機のエンジンみたいなファンが着いているのを見たことがあると思います。これは**ジェットファン**といいトンネル内の空気の流れを制御するものです。制御といったのは、ただ単純に一定方向に回しているわけではないからです。これはトンネルの場所によっても制御方法が違います（図 3-18-1）。

●通常の排煙

　基本的にはトンネル内の空気は車の進行方向に流れています。そのため排気ガスも一緒にトンネルの外に排出されます。短いトンネルは自然に排気できるため必要ありませんが、長いトンネルの場合は空気の流れが悪い場合はファンで流します。

　また、出口付近が住宅地の場合、出口直前のジェットファンは逆回転させ、出口付近に設置された集塵機内に送ります。そのためトンネルからは集塵機を通したクリーンな排煙を行っているトンネルもあります。

●緊急時の排煙

　緊急時とはトンネル火災です。一刻も早く煙をトンネル外に排煙しないといけません。渋滞していなければ、走行方向に排煙します。被災者はトンネル後方へ非難し、煙はトンネル前方へ排煙します。

　しかし、渋滞中の場合はトンネル前方にも車がいるので即排煙するわけにはいきません。この場合取り残された人が非難するまで一時的に無風に近い状態になるように制御します。これにより煙の拡散速度を抑止し、スムーズに非難できるようになります。

図 3-18-1　ジェットファン

図 3-18-2　緊急時の排煙

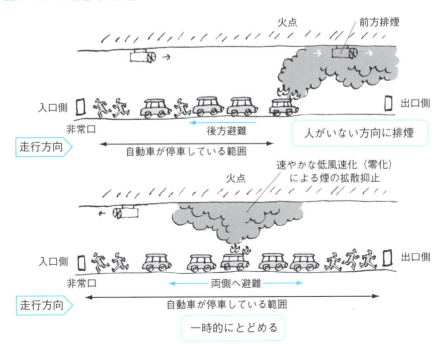

3-19 自動倉庫

●倉庫

　倉庫といっても使わないが捨てられれないものを保管するような倉庫ではなく、物の出入りが多い倉庫を思い浮かべてください（図 3-19-1）。製造工場での倉庫は、製造する前の材料を必要なときまで一時的に保管したり、製造後の製品を出荷前まで一時的に保管するために使います。そのため常に材料や製品が出し入れされ、どこに何がどれだけあるという情報を常に監視しておかないといけません。

　基本的には人が管理しているため、規模が大きくなると従業員も増え（人件費の増加）、倉庫自体も大きくしなければいけません。

●自動倉庫

　自動倉庫は初期費用が大きく小規模の工場では設置が難しいですが、倉庫の空間を可能な限り有効に使えます。例えば、天井が高い倉庫の場合、棚の高さを可能な限り高くできます。普通の倉庫の場合フォークリフトなどを使うため高い位置になると危険ですしリフトが届きません。さらにフォークリフトが旋回するスペースも必要です（図 3-19-2）。

　自動倉庫の場合、**スタッカークレーン**と呼ばれる棚に沿って動くフォークリフトの代わりのリフトがあります。このスタッカークレーンによって、高い位置でも出し入れが可能ですし、棚と一体化するので余分なスペースが必要ありません（図 3-19-3）。

　また、入出庫を管理できるので、先入れ先出しが自動で行え、在庫管理も自動で管理できます。

図 3-19-1　倉庫

図 3-19-2　フォークリフトによる出し入れ

高さの制限が低い

旋回するスペース（道）が必要

図 3-19-3　自動倉庫

工場の天井付近まで高くすることが可能

専用クレーンなので棚と棚の小さいスペースに設置可能

❗ 宇宙エレベータ

　この章ではエレベータの話をしたので、もう少し進んだエレベータの話をします。それは宇宙エレベータです。高度3万6000キロメートルと地上を結ぶエレベータです。

　建設は地上から行うのではなく、宇宙から行います。高度3万6000キロメートルでの静止軌道では地球の自転スピードと同じになりますので静止衛星となります。地球から見たらずっと同じ位置に静止しているようにみえます。この状態で遠心力と重力がつり合い静止できます。ここに静止衛星を建設します。

　この状態から徐々に地球に向けワイヤーを延ばしていきます。当然地球側にワイヤーと延ばせば、ワイヤーの重量があるため静止衛星は重力により地球側に引き寄せられます。そこで地球と反対側にも同じようにワイヤーを延ばしつり合わせます。

　ワイヤーが地球まで届けば、そのワイヤーと使って静止衛星まで行くというエレベータです。

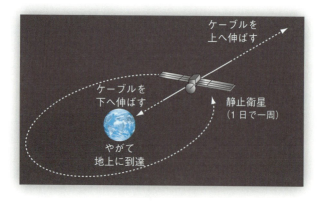

　費用や工期などを無視すれば技術的には実現可能といわれているため、近い将来気軽に宇宙に行ける日がくるかもしれません。

第4章

シーケンス制御「超入門」

　シーケンス制御に限らず、制御システムにおける動作や条件、入力や出力の概要を簡単に説明しています。また、コンピュータ内での数値の扱いはプログラムをつくるときに重要な項目となるため、基本的なことを中心に説明しています。

4-1 動作とは

●動作とは

　動作とは物を動かすことですが、シーケンス制御などの制御においては最終的に何かを動かさないといけません。例えば、車であればタイヤを駆動させる、エレベータであれば上下させるなどです。動作させることによりはじめて制御としても効果があらわれます。アクセルを踏んでもタイヤが回転しなければ車は前進しません。エレベータも動かなければただの鉄の箱です。

　動作とは反対に停止もあります。機械は内部のパーツが動作と停止を繰り返し1つの機械として完成します。どんなに複雑な機械でも、それぞれのパーツが動作と停止を繰り返すことでなりたっています。

●操作量とは

　動作とは別に操作量というものもあります。**操作量**とは動作させるときにどれくらいの力で動作させるかということです。車であればどれくらいの勢いでタイヤを回転させるかです（図4-1-1）。

　少しの操作量でタイヤを回転させれば車はゆっくりと加速します。大きな操作量でタイヤを回転させれば車は勢いよく加速します。

　エレベータであれば、移動開始と停止時に少しゆっくり動作するとスムーズに停止できます。

●シーケンス制御の主な動作

　生産工場におけるシーケンス制御では基本的にはON/OFF制御が多いです。これは操作量を使うのではなく単純に動作させるか、させないかという制御です。

　逆に操作量は動作させる機器側で調整してくれることが多いです。どういうことかというと、ロボシリンダーなどの加減速動作は設定値を与えると自動的に加減速動作を行ってくれます（図4-1-2）。

図 4-1-1　操作量

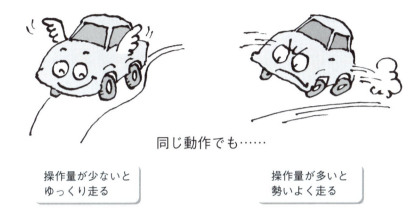

図 4-1-2　加減速の設定

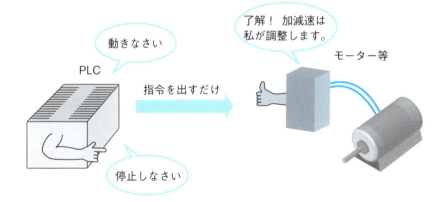

4-2 動作に条件を与える

●条件とは

条件とは「あることが成立または生起するために満たされるべき規定の中で、直接原因ではなく制約となるもの」と辞書で調べると難しいことが記載されています。

シーケンス制御などの条件は難しく考える必要はありません。ある動作を行うために何が必要か？この必要なものが条件です。洗濯機で例えると、洗濯機はスイッチを押すと起動します。しかし、ふたが閉まっていないと起動しません。このふたが閉まっているということが条件です。

少し目線を変えてみると、「ふたが閉まっているのに洗濯機は起動しない。この場合の条件は？」と考える人もいると思います。この場合はスイッチを押すという行為が条件となるのです。

何がいいたいのかというと、条件は1つではないということです。洗濯機の場合、「スイッチを押す」、「ふたを閉める」が条件です。洗濯機を起動するということが動作で、動作を行うために必要なものが条件となります（図4-2-1）。

もうすこし細かくいうと、コンセントをつないで洗濯機に電源を供給することも条件となります。

●動作と条件

シーケンス制御において動作と条件は必ずセットになります。片方だけでは成立しません。プログラム上に動作だけを書いてしまうと、常時動作します。これは制御している状態とはいえません。条件だけ書いても何も起こりません。

プログラム上に動作と条件を書いてしまうと、条件さえ成立すればいかなる状態でも動作します。そのため安全のためにプログラムとは別に人手で操作するスイッチなどを追加することもあります。

図 4-2-1　条件

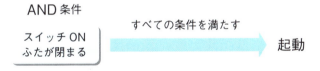

両方もしくはすべての条件を満たすときは「AND」と呼ぶ。

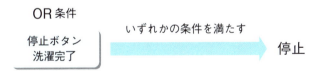

複数の条件のうち、いずれかの条件を満たすときは「AND」と呼ぶ。

動作は出力、条件は入力

●動作と出力

　動作のことを**出力**と呼びます。ただし、出力というのは何かを動作だけでなく、例えば、ランプの点灯や音を鳴らすことなど何かを動作させることだけではなく、外部へエネルギーを出すこと自体を出力と呼びます。

　動作というのは出力の一部にすぎないのです。シーケンス制御に限らず制御システムにおいて、動作を出力と呼ぶのは制御システムが直接動作させているわけではないからです。どういうことかというと、エレベータは行きたい階のボタンを押すとモーターが回転して箱が移動します。このとき、エレベータを制御しているシステムが直接モーターを回転しているわけではありません。制御システムは回転させる信号を出力します。その出力を増幅して最終的にモーターが回転します。制御システムは出力信号を出しているだけなので動作ではなく出力という言葉が広く使われています（図4-3-1）。

●条件と入力

　すべての入力が条件というわけではありませんが、スイッチが押された、ふたが閉まっている、などの洗濯機を起動させる条件を例にすると、このスイッチが押されたという信号を、洗濯機を制御している制御システムに送らないといけません。洗濯機を制御しているシステムは、現在洗濯機がどのような状態なのか、センサーやスイッチを使って認識しています。このセンサーやスイッチからの信号を**入力**と呼びます（図4-3-2）。

　条件というのはもとをたどっていけば入力信号から成り立っていることが多いのです。

　先ほど出力で説明したエレベータの続きですが、エレベータを制御しているシステムが回転信号を出力するとモーター側から見ると回転信号は入力となります。モーターは回転信号を入力信号として入力し回転します。この場合モーターが回転する条件の1つが回転信号なのです。

図 4-3-1　出力

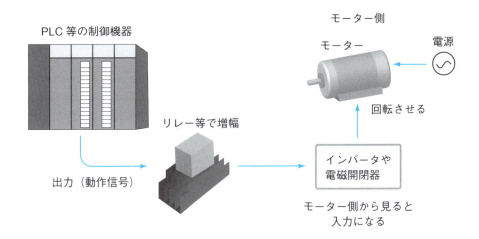

図 4-3-2　入力

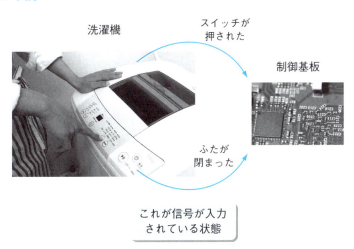

4-4 動作を変更する

●動作の変更

　シーケンス制御は順番どおりの制御として説明されていますが、必ず同じ動作しかできないわけではありません。動作サイクル中に条件によって動作を変更することも可能です。可能というよりも通常行われることで、当たり前のように行います。これは制御がプログラムによって行われるようになり、より複雑なことがプログラムによって簡単にできるようになってきたためです（図4-4-1）。

　もしもカム制御やリレー制御なので条件分岐動作を行おうとすると物理的にできないか、ものすごい時間をかけて制御回路をつくる必要がありとても効率が悪いのです。

●条件分岐

　先ほど条件分岐という言葉が出てきましたが、**条件分岐**とは条件によって動作を変更することです。分岐ということでどちらかの動作しか選択できません。1つのユニットに対して同時に複数の動作をさせることは物理的に不可能だからです。

　エレベータを例にすると、エレベータに乗って行きたいボタンを押します。このとき条件分岐が発生します。上に行くか下に行くかです。どちらかの動作しか選択できないことはわかると思います。上に行く動作と下に行く動作を同時に行うことは物理的に不可能なのです。

　物理的に不可能なことをプログラムなどのシステムから出力させてはいけません。そのためプログラムや制御回路などに同時に出力できないようなしくみを入れます。これを**インターロック回路**といいます（図4-4-2）。

図 4-4-1 条件分岐

条件によって動作を変更する

図 4-4-2 インターロック

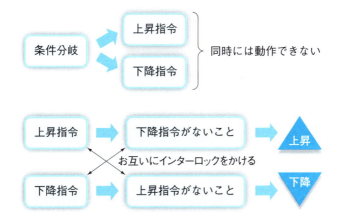

4-5 負荷の ON/OFF

●負荷とは

　単純に負荷といってもいろいろな意味があります。機械と電気の分野でも意味が違います。ここでは簡単に機械と電気の負荷について説明します。

　機械での**負荷**のことを一言でいうと**抵抗**です。車の場合，速度を上げると空気抵抗が発生しより多くアクセルを踏まないと加速しません。この空気抵抗も負荷ですし、タイヤの摩擦による転がり抵抗も負荷です。つまり、動力に対して邪魔をするものが負荷なのです。エレベータの場合、乗り込む人も負荷となります（図4-5-1）。

　では、電気での負荷とはどのようなものでしょう。電気での負荷はエネルギーを消費するものです。電流を多く必要とし、大きなエネルギーを発生する負荷を、負荷が大きいといいます（図4-5-2）。

　エレベータの場合巻上げモーターそのものが負荷です。ハイパワーなモーターは大きな負荷ということです。本書では基本的に電気としての負荷を使います。

●負荷の ON/OFF

　負荷の ON/OFF とは電流を流すか流さないかということになります。電流はよく水の流れで表現されます。大きな負荷の場合大きな電流が必要です。そのため太い電線で接続しないといけません。電流を水の流れで説明すると、大きな負荷の場合たくさんの水が必要です。そのため水路を大きくする必要があります。

　水の流れと違うのは、電流負荷の場合必要な電流を無理やり流そうとします。そのため細い電線では発熱して燃えてしまいます。負荷の大きさに対して、電線の太さ、電源容量を決める必要があります（図4-5-3）。

図 4-5-1　抵抗

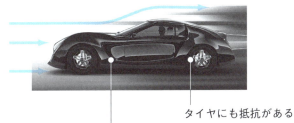

空気抵抗

タイヤにも抵抗がある

エンジン内部や駆動部にも抵抗がある

図 4-5-2　負荷

おもちゃのモーター

エレベータのモーター

負荷が小さい

負荷が大きい

図 4-5-3　負荷容量

発電機　　　モーター

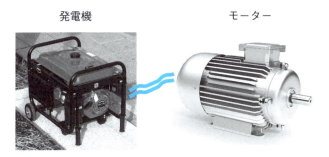

負荷が大きいと電流も多く、流れる電流が多いと電線も太くなる。

4-6 2進数という数値

● 2進数とは

2進数の説明の前にそもそも進数とはどういうものか説明します。学校の授業で習ったと思いますが、興味がなければわからないと思います。使うことがなければもっとわからないかと思います。

私達が普段使っている数値というのは 10 進数のことです。**10 進数**は 10 個の数値を使い、10 で桁上がりする数値のことです。10 個の数値というのは 0 ～ 9 までのことで、10 になると 2 桁になります。これが 10 進数です（図 4-6-1）。

2 進数は 2 個の数値を使い、2 で桁上がりする数値です。つまり 0 と 1 で構成され 1 の次は桁上がりするので 10 となります。

コンピュータの世界は 0 と 1 しかないという言葉を聞いたことがあると思いますが、実際には 2 進数という 0 と 1 の組み合わせで構成されており、例えば画面に表示されている「7」という数値も実際にはコンピュータ内では「0111」という 2 進数で処理されています（図 4-6-2）。

● 16 進数とは

コンピュータは 0 と 1 の組み合わせということで、2 進数で処理されます。しかし実際に私達が 2 進数をそのまま扱うと桁が大きくなりすぎて無理が生じます。

16 進数とは 16 で桁上がりする数値ですが、すでに 16 という時点で桁上がりしています。実際にはアルファベットを使い表現します。9→A→B→C→D→E→F で桁上がりします。

これは 2 進数を 4 桁まとめると 16 パターンの表現ができるため 16 進数として使われています（図 4-6-3）。

図 4-6-1　10 進数

図 4-6-2　2 進数

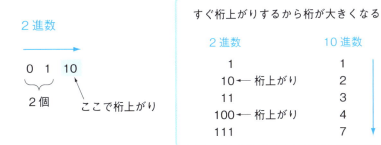

図 4-6-3　16 進数

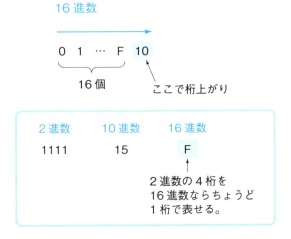

4-7 数値の扱い

●コンピュータでの数値の扱い

PLCなどの制御用コンピュータを使ってプログラミングしたり機械を制御する場合は、コンピュータ上での数値の扱いを知っておく必要があります。

コンピュータは0と1の組み合わせということを聞いたことがあるかもしれません。基本的には0と1の組み合わせで、2進数を使っています。

ただし、プログラミングも含めて何もかも2進数というわけではありません。2進数は桁数が大きいので人間がそのまま使うには少し難しいのです（図4-7-1）。

例えば、私達が10進数で任意の数値をコンピュータに送ると、コンピュータは2進数に変換して処理します。処理後私達に数値を返すときは再度10進数に変換して返します。そのため計算機は私達が普段使っている10進数を使っていますが、中では2進数で処理されているのです。

●2進数などの変換

2進数を16進数に変換や、16進数を10進数に変換するなどの方法を授業で習ったことがあるかもしれません。私もそうでしたが、使わないときに勉強しても「なんで変換するの？」となります。変換とは別の何かに変わってしまうイメージなのです。

少し見る方向を変えてみます。コンピュータは2進数を使います。それをどのように表示するかだけです。10進数なら普段私達が使っている数値に表示してくれます。逆にコンピュータに数値を与えるときはその数値が何か教えてあげないといけません。これは「16進数で"10"と入力していますよ」という感じです。パソコンなどは文字コードを使っているので自動的に行ってくれていますが（図4-7-2）。

図 4-7-1　2 進数は使いにくい

図 4-7-2　変換ではなくどのように表示するか

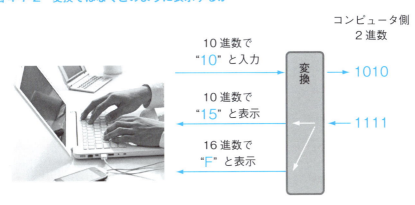

⚠️ ビットやワード

　ビットという言葉は聞いたことがあると思います。そもそも**ビット**とはどのようなものかというと、コンピュータは0と1の組み合わせでの2進数を使っています。つまりコンピュータの最深部は0と1の世界です。これはONかOFFの世界なのです。このONかOFFの2択しかない最小単位をビットとよびます。

　ランプが点灯、消灯するイメージです。これもビットです。コンピュータは2進数なので"0010"などと表現しますが、この場合「2番目のビットを立てている」と話をしたりします。

　ワードとはビットを1つのグループにしたものです。ビット数は使う目的で変わりますが、シーケンス制御で使うPLCという制御機器では、16個のビットを1つにまとめたものを**ワード**と呼び、32個のビットを1つにまとめたものを**ダブルワード**と呼びます。

　ワードのように16ビットをまとめると、16桁の2進数となります。そうするとこの2進数を10進数や16進数の数値として扱うことができます。これがコンピュータで使われる数値となります。

第5章

実験で学ぶ「シーケンス制御」

シーケンス制御は説明するよりも実際に触れてみたほうが理解することが早いと思います。この章では、実際にリレーなどをつないでみて動作させます。

5-1 スイッチ・リレーを理解する

●スイッチとは

スイッチとは切り替えを行う部品などのことですが、一般的に電流のON/OFFの切り替えを行う部品のことをスイッチと呼ぶことが多いです。部屋の照明を点灯するために押すのもスイッチです。テレビをつけるのもスイッチです。私達の生活の中にはあらゆるところにスイッチが使われているのです。

●スイッチの種類

スイッチといってもさまざまな種類があります。トグルスイッチや押しボタンスイッチなどさまざまな形状があります。そして押しボタンスイッチにも種類があります。押すとON、はなすとOFF。このタイプは**モーメンタリ**と呼ばれます。押している間だけONします。

もう1つは一度押すとON、もう一度押すとOFFとなるタイプ。このタイプは**オルタネイト**と呼ばれています。押しボタンスイッチには主にこの2つのタイプがあるので覚えておきましょう（図5-1-1）。

●リレー

リレーは**電磁継電器**と呼ばれ、電磁石によって接点をON/OFFさせる機器です（図5-1-2）。先ほど押しボタンスイッチの説明をしましたが、押しボタンスイッチは人が操作するものですが、リレーは電気を使ってスイッチを操作するイメージです。

リレーの使い方はさまざまです。交流と直流の切替、電圧の切替、リレーによる制御などを行えます。本書ではリレーによる制御を中心に解説していきます。

図 5-1-1　スイッチの種類

トグルスイッチ　　　　　　　押しボタンスイッチ

一度押すと ON、もう一度押す
と OFF するタイプもある。

図 5-1-2　リレー

一般的なリレー

電気で接点を動作することで
ON/OFF できる。

5-2 接点とは

●接点とは

　接点はスイッチやリレーの中にある部品で、直接電流をON/OFFする部分です。押しボタンスイッチでは、人が接点を直接押すと感電してしまうため、人が押す部分と接点は絶縁体（電気を通さない物質）で接続され、人が感電しないようになっています（図5-2-1）。

　また、接点は電流を直接ON/OFFする部分なのでどうしても抵抗値が高くなります。さらに電流をON/OFFする瞬間表面が放電したスパークします。スパークすると接点表面が少し溶けて、接触状態が悪くなってきます。そのため、接点は電流を通しやすく（抵抗値が低い）、表面が硬すぎず、磨耗しにくいような工夫がされています。

●接点の種類

　スイッチを押せば接点が接触して電流が流れる。電流が流れることで機器の電源が入る。つまりスイッチを押せばONする。当たり前のことです。しかし、接点にはもう1種類の動作があります。それはスイッチを押せばOFFする接点です。スイッチを押せばOFFする接点？いったい何のことをいっているのか？と思うかもしれません。

　私達の身のまわりにあるごく普通の動作はスイッチを押せばONする動作です。これはスイッチを押すと接点が接続され電流が流れます。このような接点をa接点と呼びます。

　スイッチを押せばOFFする接点とは、通常接点同士が接触し電流が流れている状態で、スイッチを押すと接点が解放され電流がOFFします。このような接点をb接点と呼びます。b接点はa接点とは逆の動作となります（図5-2-2）。

図 5-2-1　接点

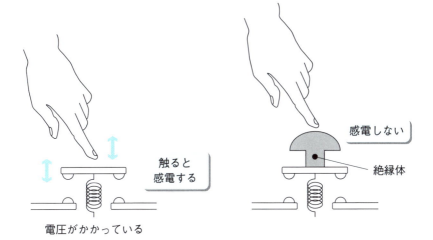

図 5-2-2　a接点とb接点

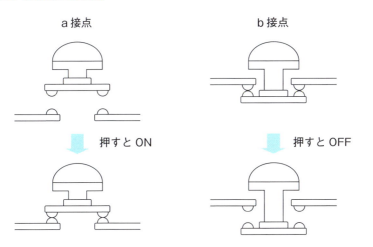

5-3 ランプを点灯させる

●ランプを点灯させる

　実際にランプを点灯させて見ますが、作業前に準備を行ってください。もちろんこの作業は強制でもないので読み進めるだけでも十分理解できると思います。まずは直流電源を準備します。これは作業中にもし感電しても被害が少なくてすむようにするためです。それと念のためサーキットプロテクターを入れておきます（図5-3-1）。

　今回はDC 24Vで行うことにしますが、もちろん他の電圧でも交流（家庭用コンセント直接）でも可能です。

●配線する

　コンセントが外れていることを確認してくださいサーキットプロテクターもOFFにしておきます。
① DC 24Vのプラス側（サーキットプロテクターの端子）をスイッチに接続します。
② 先ほど接続したスイッチの反対側とランプのプラス側を接続します。
③ ランプのマイナス側とDC 24Vのマイナス側を接続します。

　これで完成です。DC電源を使っているので、ランプもDC仕様です。極性があるので注意してください。ACは極性がありません。

　今回はプラス側にスイッチをつけましたが、もちろんマイナス側でも問題ありません（図5-3-2）。

　配線が完了したら線を軽く引っ張るなどして線がしっかり固定されていることを確認してコンセントを差し込んでください。そしてサーキットプロテクターをONします。この状態でスイッチを押せばランプが点灯します。もし点灯しない場合は、ランプの極性は正しいか？ランプの電圧は正しいか？スイッチの接続は正しいか？電源から24Vの電圧が出力されているか？などを確認してください。

図 5-3-1　準備

DC 電源

サーキットプロテクター

図 5-3-2　配線方法

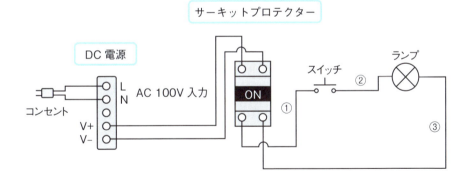

5-4 リレーを動かす

●リレーを動かす

前の節でランプを点灯させました。同じようにリレーを動作させてみます。
① DC 24Vのプラス側（サーキットプロテクターの端子）をスイッチに接続します。
② 先ほど接続したスイッチの反対側とリレーのプラス側を接続します。
③ ランプのマイナス側とDC 24Vのマイナス側を接続します。

実は先ほど配線したランプを外してリレーに置き換えれば完了です。しかしこれではリレーがただカチカチするだけで何も起こらないため少し細工をします（図5-4-1）。

●リレーでランプを点灯させる

リレーの動作を利用してランプを点灯させます。リレーには接点があります。この接点がスイッチを同じような動きをします。
① DC 24Vのプラス側をリレーの接点に接続します。
② 先ほど接続したリレー接点の反対側をランプのプラス側に接続します。
③ ランプのマイナス側をDC 24V電源のマイナス側に接続します。

これでスイッチを押せば、リレーがカチカチと動作しランプも点灯したり消灯したりすると思います。リレーにはa接点とb接点がありますが、今回接続したのはa接点側です。もしb接点側に接続した場合、普段はランプが点灯し、スイッチを押せばランプが消灯する動作になります（図5-4-2）。

図 5-4-1　リレーを動かす

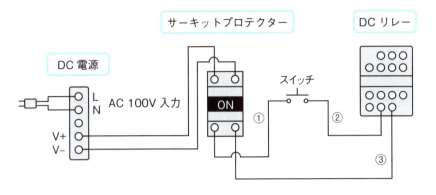

図 5-4-2　リレーでランプを点灯させる

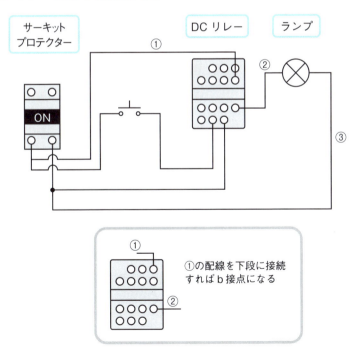

5-5 自己保持とは

●自己保持とは

自己保持とは自分で自分を保持するということなのですが、実際に実験して見ましょう。5-4節でつくった回路を使います。
① DC 24Vのプラス側をリレーの接点に接続します。
② 先ほど接続したリレー接点の反対側をリレーコイルのプラス側に接続します（2本接続することになる）。

これで完了です。この状態でスイッチを押すとランプが点灯します。スイッチを放しても点灯し続けます。これはリレー接点がスイッチの変わりにリレーをONしてくれているからです（図5-5-1）。

自分の接点で自分のコイルをONするということで**自己保持**と呼ばれています。この状態になるとコイルに流れる電流を遮断するまで自己保持が解除できません。今回はサーキットプロテクターをOFFするなどして元の電流を遮断して解除してください。

●回路図を見てみる

回路図を描いて整理してみます。実際は最初に回路図を描いて配線作業をします。まずスイッチを押すと電流がコイルに流れリレーがONします。リレーがONするとリレー接点もONします。すると今度はONしたリレー接点側からもコイルに電流が流れてきます。この状態でスイッチを放しても、リレー接点側から電流が流れ続けていますのでリレーはONし続けています（図5-5-2）。

まずはこの自己保持を理解してください。シーケンス制御の基本であり、これが理解できないとシーケンス制御を使って機械を動作することはできません。自己保持は**ラダー**と呼ばれるプログラムでも基本的には使われている方法です。

図 5-5-1　自己保持

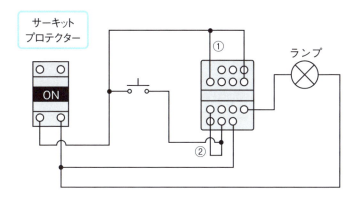

図 5-5-2　回路図

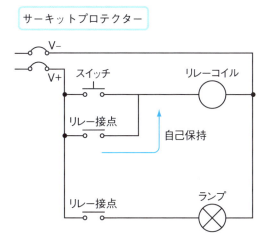

5-6 誤動作させる

● **チャタリング**

　リレーを使って簡単な制御回路をつくっていると、どうしても間違いが発生します。これは別にリレーに限ったことではないのですが、人間の作業では間違いが発生します。これはしかたがないことですし、最初は間違えてから勉強して覚えていくものです。では間違えるとどのようなことが起こるかというと、だいたい**チャタリング**という現象が発生します。これはリレーが高速で ON/OFF を繰り返す現象で、カチカチカチカチと音がします。

　チャタリング以外にも電源短絡などいろいろ発生しますが、電源短絡などは大変危険な間違いです。これは電源のプラスとマイナスが回路上で直接つながってしまう場合です。サーキットプロテクターや過電流遮断機などで保護してください。

　チャタリングは意図的に発生できるので、チャタリングする回路をつくってみましょう。

● **配線作業**

　とても簡単に作成できます。
① DC 24V のプラス側をリレーの b 接点側へ接続
② 先ほど接続した接点の反対側からリレーのコイルのプラス側に接続
③ リレーのコイルのマイナス側を DC 24V 電源のマイナス側に接続

　これでサーキットプロテクターを ON します。するとリレーが高速で動作を繰り返します。最初は b 接点でコイルに電流が供給されますが、コイルが ON すると電流が遮断されコイルは OFF。するとまた電流が供給されコイルが ON。これが繰り返されます。**チャタリング**と呼ばれ、間違えるとよく発生します。

図 5-6-1 チャタリング

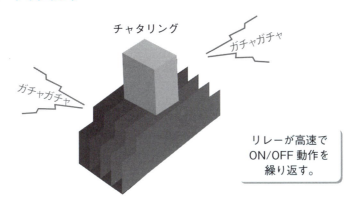

図 5-6-2 チャタリング回路

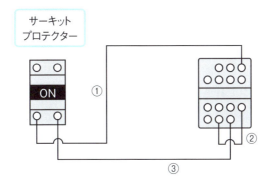

5-7 連続したリレー制御

●自己保持を解除する

本章の第5節で自己保持の説明をしました。自己保持の解除方法として元の電源を遮断しましたが、コイルに流れる電流を遮断すれば自己保持は解除できます（図5-7-1）。実際に作業する場合はコイルに流れる電流を遮断してください。

●順番に動かす

シーケンス制御は順番に動作させる制御です。そこでリレーの自己保持を順番にかけていきます。必ず順番どおりにONするように設計します。これが理解できればシーケンス制御の基本は理解できたことになります。

順番どおりにリレーがONするということは、リレーの接点に動作する出力をつければ実際に機械が動作します。

順番どおりにONさせるには、次にONするリレーの条件に、前にONしたリレーの接点を使います。ただし、接点を入れる場所によって動作が変わります。ここでは一般的に使われる位置に接点を入れています。これは先ほど説明した自己保持を遮断する位置です。つまりコイルの直前です。

この位置に条件を入れることで、リレーがONする条件になると同時に自己保持を維持する条件にもなります。そのため先頭のリレーをOFFすれば、その後に続くリレーもすべてOFFされます。自己保持での制御では、このほかにも順番にはONしますが、前のリレーはOFFさせるなどの動作をさせる方法もありますが、本書ではこの順番にONさせて、最後にまとめてOFFさせる方法を使います。

図 5-7-1　自己保持の解除

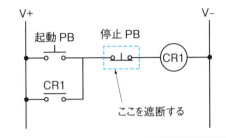

上記のような回路図をシーケンス図と呼びます。
ここからはシーケンス図を使います。
左右の母線のうち、左側を＋側とします。
またリレーなどは省略した記号で表示します。
　リレー：CR＋番号
　スイッチ：PB

図 5-7-2　連続した自己保持

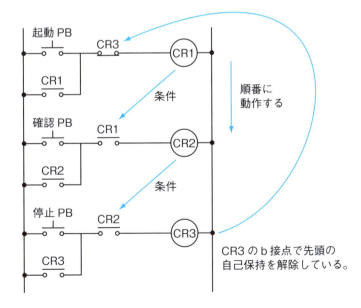

CR3 の b 接点で先頭の
自己保持を解除している。

5-8 タイマーリレーとは

●タイマーリレー

　タイマーリレーですが難しいものではありません。通常リレーはコイルに電流を流すと接点がONします。タイマーリレーの場合はコイルに電流を流すと設定した時間後に接点がONします。通常のリレーと同じくa接点やb接点もあり単純に接点動作にタイマーが効いているというリレーです（図5-8-1）。

●使ってみる

　それでは実際に使ってみます。注意点としてタイマーリレーは通常のリレーと接点の動作タイミングが違うだけですが、慣れるまでは通常のリレーとは区別してください。

　まずは自己保持の回路をつくります。その自己保持のコイルと同時にタイマーリレーのコイルがONするように配線します。するとスイッチを押してリレーのコイルがONすると自己保持がかかります。その後、設定時間後にタイマーリレーがONします。このタイマーリレーの接点を使い次のリレーをONすると時間というタイミングで順番に自己保持をかけていくことも可能です（図5-8-2）。

　先ほど慣れるまではリレーとタイマーリレーを区別してくださいといったのは、例えば、リレーを省いてタイマーリレーで自己保持させると動作が全く違ったものになるからです。

　スイッチを押してもタイマーリレーの接点は動作しないのですぐに自己保持がかかりません。タイマーリレーの設定時間だけスイッチを押し続けないといけません。実際にそのような制御もありますが、慣れるまではしっかり区別して使ってください。

図 5-8-1　タイマーリレー

リレーとの違いは、タイマー設定用の
ダイヤルがついています。
設定時間後に接点が ON します。

図 5-8-2　タイマーを使ってみる

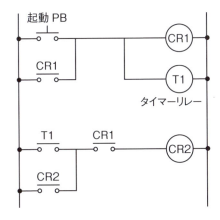

5-9 センサーの役割

●センサー

　センサーといってもさまざまな種類があります。音を検出するものや光を検出するもの、圧力を検出するものなどさまざまです。そこで検出したものを電気信号に変えるものを**センサー**と呼びます。センサーによって信号はさまざまなものになりますが、今回は光電センサーを例にします。

　光電センサーは物の検出などによく使われます。基本的には片方の機器から光を出し（投光側）もう片方の機器がその光を受光する（受光側）—このような方式のセンサーを**透過形**と呼びます。センサー間に物が入り光を遮光すれば、受光側で光が受光できないのでセンサーは信号を出します。これにより物があるか動作検出することができます（図5-9-1）。

　このセンサーの信号を使いリレーを動作させれば、先ほどまでスイッチを押して動作させていたリレーがセンサーによって自動でONします。

●光電センサーの種類

　先ほど説明したセンサーは投光側と受光側の2個の機器から構成される透過形センサーですが、他にも投光側と受光側が1つにまとまった**反射形**と呼ばれるものもあります。透過形のほうが検出は安定していますが、取り付けのスペースが必要です（図5-9-2）。

　他にも「LON」（ライトオン）や「DON」（ダークオン）などがあります。光を受光したとき信号をONする設定を**LON**と呼び、光を遮光したとき信号をONする設定を**DON**と呼びます。透過形と反射形によってLONとDONは逆転しますので注意してください。

図 5-9-1　透過形センサー

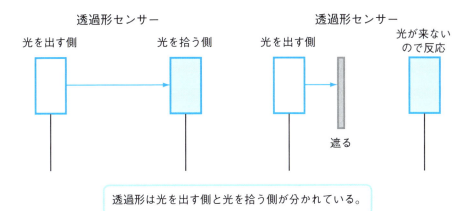

図 5-9-2　反射形センサー

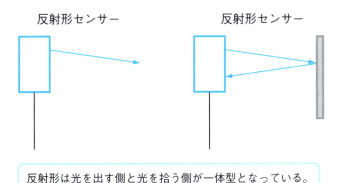

5-10 センサーでリレーを動かす

●センサーの配線

センサーからは何本か違う色の線が出ています。線の色は説明書などに書いていますが、最近のセンサーは基本的にはそろえてあります。

茶：DC＋側（DC 24V など）
青：DC－側
黒：信号線

基本的には上記色になっていますが、作業前は説明書などで確認してください。透過形の投光側は基本的には茶色と青色の2本しか出ていませんが、ただの電源線なので上記と同じく DC の＋と－を接続します（図5-10-1）。

●センサーでリレーを動作

いくらセンサーに電源を接続してもセンサーの信号を使うことができなければ何も起こりません。今回はリレーを動作させてみます。

センサーに電源を接続して、リレーコイルの＋側にも DC の＋を接続しておきます。そしてリレーコイルの－側にセンサーの信号線（黒色）を接続します。これでセンサーが反応したらリレーが ON/OFF します（図5-10-2）。

リレーコイルの＋側にあらかじめ電源を接続しておき、センサーの信号線で－に落とす。このような方向の配線を **NPN** と呼びます。日本国内は基本的に NPN となります。

また、このタイプのセンサーでは使用できるリレーは DC のみとなります。できれば同じ DC 電源から電源を取ってください。

図 5-10-1　センサーの配線の色

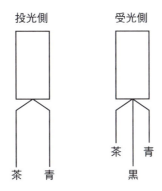

図 5-10-2　センサーでリレーを動作

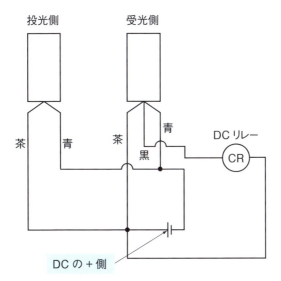

111

❗ ラダー図

　シーケンス制御を勉強する中で**ラダー**という言葉を聞いたことがあると思います。実は近年の設備ではリレー制御はほとんど使用されず、PLC という通称、**シーケンサー**で制御されています。

　では、なぜリレー制御を勉強するのかというと、ラダー図はリレー制御の回路図を前提に作られている言語です。第 5 章の途中から使い始めたシーケンス図を少し変更すればラダー図になります。リレー制御が理解できればラダー図も理解できます。リレー制御はシーケンス制御を学ぶ上で大変重要な制御なのです。

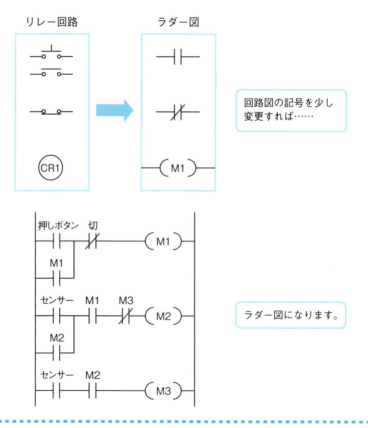

第6章

プログラマブルコントローラ

　近年のシーケンス制御ではリレー制御で行うことはほとんどなく、実際はプログラマブルコントローラと呼ばれるPLCで制御します。本章では、どのような感じで制御されているのか少し見てみましょう。

6-1 プログラマブルコントローラとは

●プログラマブルコントローラ

　プログラマブルコントローラとあまり聞いたことがないと思います。これは英語で「programmable logic controller」と呼び、頭文字をとって **PLC** と呼ばれることが多いです。PLC であれば聞いたことがある方が多いと思います。

　また、三菱の PLC のことを**シーケンサー**と呼びます（図 6-1-1）。シーケンス制御を学習している皆様であれば「シーケンサー」という言葉を聞いたことはないでしょうか？

　本書では特に制約がない限り PLC で統一します。ではこの PLC とはいったいなんなのでしょうか？

● PLC とは

　第 5 章ではリレー回路について説明をしてきました。実際に配線をしたり自己保持をかけたりしましたが、設備の規模が大きくなると大変です。リレー自体もある程度の大きさがあるので、物理的なスペースも確保しなければいけません。また、配線を間違えたり動作の変更をしようとすると、配線を変更する作業が必要でとても効率が悪いです。

　そこでこのリレー回路がパソコンを使いプログラミングできたらどうでしょうか？自由に回路を編集でき、動作も簡単に変更できます。これを実現するのが PLC です。簡単にいうと、PLC の中にリレー回路がそのまま入っています。その回路を、パソコンを使い自由に変更できます。PLC に対して配線を行う必要はありますが、リレー回路のように自己保持をかけたりするような制御回路的な配線はすべてパソコン上でプログラミングできます（図 6-1-2）。

図6-1-1　PLC

図6-1-2　PLCのイメージ

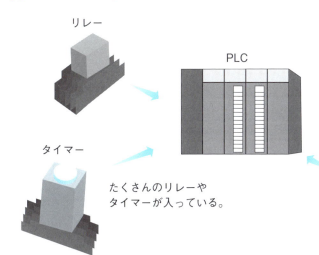

リレー

タイマー

PLC

たくさんのリレーや
タイマーが入っている。

パソコンを使って
内部のリレーを
ON/OFFできる
（プログラミング）

6・プログラマブルコントローラ

● PLCとリレー回路

　PLCについて簡単に説明しましたが、なぜPLCという便利な機器があるのにリレー回路を学習する必要があるのでしょうか？いろいろなシーケンス制御の参考書を見てもほとんどリレー回路説明されています（図6-1-3）。

　詳しくは次の章で説明しますが、実はPLCで使われているプログラム言語はリレー回路が元になっています。プログラムというと命令文が英数字で打ち込まれているものを想像するかもしれません（図6-1-4）。

　PLCのプログラムというのは、実際にリレーに配線するようにプログラミングします。接点やコイルを設定して罫線で結んでいきます。リレー回路をパソコン内で作成している感じになります。

　そのためまずはリレー回路でリレーを覚え、PLCにステップアップしたほうが上達が早いのです。またPLCがあるからといってリレー回路がなくなるわけではありません。設備になるとPLCとリレーを同時に使う必要があり、リレーについても理解しておく必要があるのです。

図6-1-3　リレーの学習は必要？

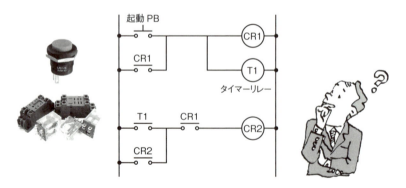

図 6-1-4　プログラム

マイコン

```
main()
{
    char a;
    int b,c;

    if(   )
    else{
        ⋮
    }
}
    ⋮
```

PLC

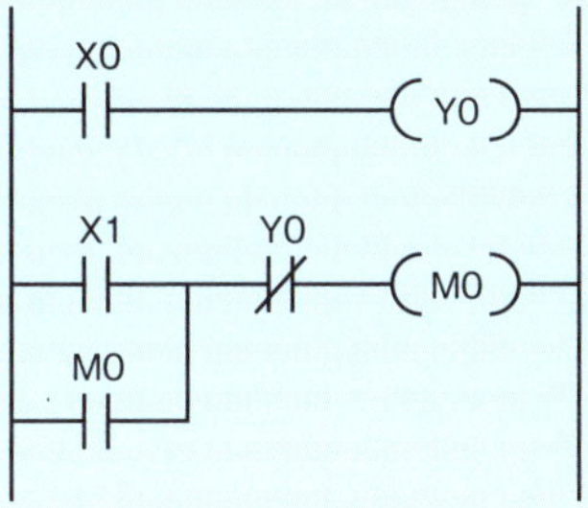

(ラダー図: X0 —(Y0)、X1 と Y0（B接点）の直列、M0 の並列 —(M0))

❗ PLC の安定性

　パソコンを使って C 言語などでプログラムをつくり設備を動かすことも可能なのに、なぜ PLC が好まれて使われるのでしょうか？これは PLC の安定性が優れているからです。パソコンはいろいろなことが一通りできる汎用機です。いろいろなことの一部にプログラムが入ります。つまり専用機ではないので、他の処理が発生すると動作が重たくなったり、フリーズしたりする可能性があります。また OS（Windows など）の上で動作しているので、起動時間が長いです。

　パソコンに比べて PLC は設備などを制御するためだけに開発された専用機です。そのためプログラム以外の他の処理がほとんどないのでものすごく安定しています。外部からのノイズなどに対してもしっかり対策されています。多少過酷な使い方をしても壊れにくい機器なのです。このような理由もあり PLC は設備の制御に広く使われています。

6-2 リレーとの違い

●リレーと PLC の違い

　リレーと PLC の違いですが、まずは見た目が違います。あたりまえですがこれは機器そのものが違うためです（図6-2-1）。

　プログラマブルコントローラの項でも説明したように、PLC はリレー回路をプログラミングする形なので、実際にリレーを使って制御回路をつくるわけではありません。PLC はメモリ上で演算を行っているためとてもたくさんの仮想的なリレーを扱うことができます。この PLC 内の仮想的なリレーを**内部リレー**と呼んでいます。

●内部リレー

　内部リレーは PLC 内にある仮想的なリレーです。内部リレーはビットを ON/OFF するだけなので膨大な数が利用できます。使いたいリレーの番号をプログラミングすれば簡単に利用できます。実際に配線をする必要もありません。

　例えば、どれくらいの数が使えるかというと、参考までに 5000 個以上は軽く利用できます。通常のリレーを 5000 個集めるのは大変ですし、スペースもたくさん必要です。そもそも膨大な数のリレーに膨大な量の配線をしたくはありませんよね？

　PLC 内にはタイマーリレーなども普通に準備されているので、リレー回路とは比べ物にならないほど高度な制御が実現できるのです。

図 6-2-1　リレーと PLC の違い

リレー　　　　　　　　　　　　　PLC

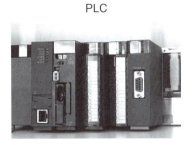

図 6-2-2　内部リレー

6・プログラマブルコントローラ

●動作速度の違い

　通常のリレーとPLC内で使われている内部リレーでは動作速度が全然違います。動作原理が違うので単純な比較にはなりませんが、通常のリレーではコイルに電流を流すと接点を引き付け動作させます。接点を物理的に動かしているので接点の動作速度というものが発生します（図6-2-3）。

　実際のリレー接点を見ると接点間の距離（隙間）はほんのわずかしかなく、一瞬で動作していますが、それでも物理的に動作するので時間が発生してしまいます。

　では、内部リレーはどうでしょうか？内部リレーはメモリ上にあるため物理的に動作しません。電気的にON/OFFさせているだけなのでON/OFF状態がメモリ上に記憶されているだけなので、接点の動作速度という考え方から比較すると、通常のリレーに比べると圧倒的に速いです（図6-2-4）。

　ただし、実際の速度はPLCに使われているCPUの演算速度が影響してきます。CPUが常にPLCのプログラムを演算していますので、CPUが認識した時点で接点動作完了となります。CPUが高性能なパソコンの速度が速いのと同じイメージです。

　ざっくり書きましたが、接点の動作速度が大きく違います。

　他にもたくさん違いはありますが、PLCはリレーよりも高価です。ですが大量のリレーを使うとPLCより高価になります。配線作業の工数も計算すればPLCを使ったほうが効率がいいのです。実際に動作するリレーよりもPLCのほうが寿命も長いです。

　PLCについて良いことばかり書きましたが、そもそもPLCは設備を制御するために開発された機器であり、リレー回路を元に開発されているので制御回路の分野でリレーと比較してPLCが勝っているのはあたりまえのことなのです。

図 6-2-3 リレーの動作

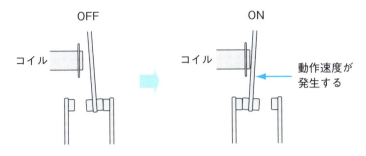

図 6-2-4 内部リレーの動作イメージ

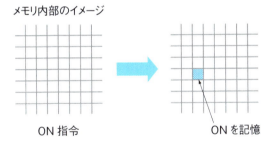

6-3 入力とは

●入力

　入力はそのまま力を入れること、力を与えることですが、いろいろな意味があります。例えば、自転車です。自転車はペダルをこぐと前進します。これは自転車のペダルに力を入力することで自転車が前進します（図6-3-1）。

　他にも信号の入力があります。例えば、テレビのチャンネルを変えたいときは、リモコンのチャンネルボタンを押します。するとテレビのチャンネルは変わります。これは電気的な信号をテレビに入力することでチャンネルが変わります。先ほどの自転車のように力そのものを与えるのではなく、命令するイメージです（図6-3-2）。

　入力は他にもいろいろな種類がありますが、シーケンス制御での入力は主にこの信号の入力を使います。

図 6-3-1　力の入力

ペダルに力を入力すると前進する。

図 6-3-2　電気的な信号をテレビに入力

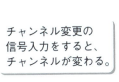

チャンネル変更の信号入力をすると、チャンネルが変わる。

❗ AI

　いつの時代も話題となる AI（Artificial Intelligence）は皆様もよく知っている**人工知能**のことです。AI はものすごく簡単にいうとその時代の最新技術のことで、日々ものすごいスピードで進化しています。スマートフォンやインターネットの検索などにも使われています。この AI ですが、シーケンス制御関係の分野にはまだ本格的に入ってきていないので今はまだそこまで気にする必要はないです。

　ただ、AI の技術が指数関数的に上昇しある点に到達と AI が自分で考えてプログラミングする時代がくるかもしれません。もしそのような時代が来れば私達がまず行うのはプログラミングの知識を学ぶよりも AI を使いこなす技術を学ぶことです。このように技術がある地点を超え、今までの概念ががらりと変わる地点を技術的特異点（シンギュラリティ）と呼ばれています。少しだけ未来のお話でした。

● PLCへの入力

　信号の入力ですが、何に対して行うのでしょうか？それは PLC に対して行います。第 5 章ではスイッチなどを使い直接リレーを動作させるリレー回路を作りました。スイッチを使って直接リレーに電流を流して動作させていましたので、特に入力という感じはしなかったと思います。

　PLC を使う場合、動作回路はプログラミングできますがスイッチなどは PLC の外につけないといけません。例えば、PLC 内部に接点プログラミングしてもスイッチを押すことができないためです（極端な説明ですが）。

　スイッチを PLC の外に設置し、PLC と接続することで、スイッチの信号で PLC の動作回路を実行します。このように PLC の外から PLC へ命令や条件を接続して入力する必要があります。このように PLC に対して信号を送ることをまとめて**入力**と呼びます。

図 6-3-3　信号の入力

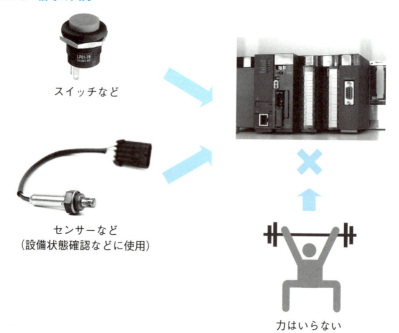

スイッチなど

センサーなど
（設備状態確認などに使用）

力はいらない

●センサーの入力信号など

　PLC に入力する信号についてどのようなものが、何のために入力されているか簡単に説明します。

　スイッチですが、押しボタンスイッチやトグルスイッチなどいろいろな種類があります。これらのスイッチ類は PLC に対して人が指令するために使用されます。PLC は設備を制御するので、最終的には人が設備に対して指令するために使用されます。

　センサー類ですが、主に設備の状態を把握するために使用されます。PLC で制御される設備は自動化された設備が多いですが、常に自動運転状態ではありません。まずは、スイッチなどで人が設備を自動状態にします。そしてセンサーで加工する物を確認（検出）して設備は動き出します。そしてエアー機器でシリンダーなどを使っている設備が多いと思いますが、シリンダーが今どちらの方向に動作しているか確認するセンサーもあります。

　PLC はこれらのセンサー信号を使い設備の状態を把握しながら制御します。例えば

① シリンダーが前進
② シリンダー前進端センサーが反応
③ シリンダー上昇
④ シリンダー上昇端センサーが反応
⑤ シリンダー下降
⑥ シリンダー下降端センサーが反応

　こんな感じに制御します。シーケンス制御ではあらかじめプログラミングされた動作を行うと説明しましたが、動作ひとつに対してもちゃんと動作完了したか確認して次の動作を行うのです。

　今回紹介した入力は基本的に ON か OFF のビット入力だけですが、実際にはアナログ入力のような電圧や電流を入力できる機器もあります。

6-4 出力とは

●出力

　入力と同様に出力も電気的な信号の出力のことをいいます。出力にもたくさんの意味があります。例えば、車のエンジン出力のことを馬力などと呼び、エンジンが発揮できる力の大きさを表しています。モーターの出力といえばモーターの発揮できる力の大きさになります。発電機などでは発生できる電圧の大きさと電流の大きさなどです。

　PLC の出力とは力の大きさではなく電気的な信号の出力のことで、100Vのような電圧を出力させるような動作は基本的にはできません（図 6-4-2）。つまり PLC から命令が信号で出力されるとイメージしてください。PLC が実際に電源を出力して機器を動作させるのではなく、PLC は機器に対して「動きなさい」「停止しなさい」という指示を出しているだけです。これが**出力**です。リレーの接点を思い出してください。コイルに電流が流れると接点はカチカチと ON/OFF します。この接点単体では何も起こりませんが、電気回路の間に入れることで、回路自体を ON/OFF できます。この接点部分が PLC の出力端子になっています。つまり外部から電源を与えなければただの ON/OFF する接点なのです（図 6-4-3）。

図 6-4-1　大きさを表す出力

出力が小さい　　　　　　　　　　　出力が大きい

図 6-4-2　PLC の出力

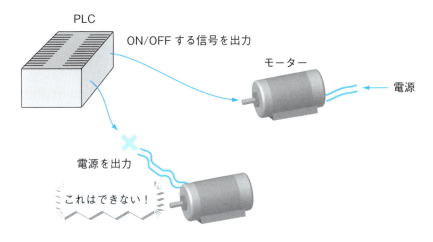

図 6-4-3　外部から電源を供給

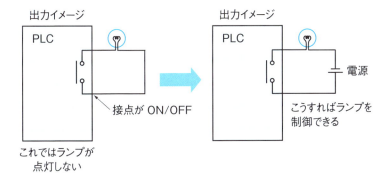

●いろいろな出力方法

　PLC の出力は信号の出力ですが、単純に ON/OFF すればいいのではなく、機器に合わせて制御する必要があります。ランプなどは基本的には ON している間点灯します。消灯するには出力を OFF すれば消灯します。モーターなども ON すれば回転します。しかし、モーター側でも制御している場合があります。例えば、モーター側に停止信号がある場合です。回転させるにはモーターに回転信号を ON すれば回転します。しかし、停止信号が別途用意されている場合は回転信号を OFF させてもモーターは回転し続けます。停止させるには停止信号を ON する必要があります。

　機器によりますが、一度回転信号を ON すると、信号を OFF しても回転する場合と、回転信号を ON している間だけ回転を続ける場合がありますので機器の取扱説明書を確認して使用してください。

　PLC にもアナログ出力ユニットがあります。これは PLC から電圧や電流を出力できるユニットです。先ほど PLC から電源の出力は基本的にはできませんと説明しました。このアナログ出力ユニットも電源ではなく信号として電圧や電流を出力します。例えば、モーターで考えると、モーターの回転数を制御したい場合はどのような方法があるでしょうか？モーター回転は ON/OFF 信号でできるとして、モーターに対して「指定の回転数で回りなさい」と命令したい場合です。ON/OFF 信号を組み合わせることも可能ですが、たくさんの出力が必要ですし効率が悪いです。そこで電圧で回転数を指定すれば簡単に制御できます（図 6-4-4）。

図 6-4-4　アナログ出力

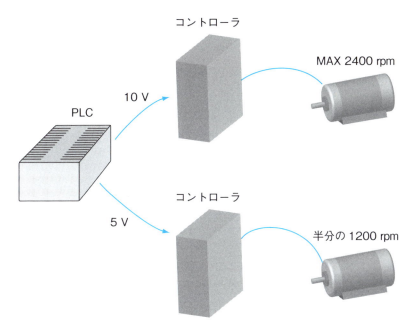

6-5 配線方法の違い

●リレー回路とPLCの配線方法の違い

　PLCには入力と出力があるということを前項で説明しました。ここではもう少し具体的に配線方法などを簡単に説明していきます。

　リレー回路ではスイッチやセンサーで直接リレーをON/OFFしました。リレーにスイッチを使い電流を流すことで動作させましたが、PLCの場合は内部リレーなので動作させるリレーはPLC内にあります。

　スイッチやセンサーなどはPLCに対して入力として扱います。リレー回路の場合、リレーを動作させる電源などを回路に入れないといけませんでしたが、PLCの場合は入力専用の端子が準備されています。そこに接続するだけで入力されます（図6-5-1）。

●リレー回路の配線例

　リレー回路とPLCの配線方法の違いをもう少しわかりやすく見ていきましょう。第5章第5節で説明した自己保持回路を例にして説明します（図6-5-2）。

　まずは、このリレー回路を復習もかねて簡単に説明します。（配線方法などは第5章を参考にしてください）リレーコイルに「V＋」と「V－」を接続して電流を流すとリレーは動作します。つまり、スイッチを押すとリレーは動作します。

　次にリレーの接点を使います。リレー接点はリレーが動作したときにONするa接点を使います。リレー接点の1つをスイッチと並列に配線します。するとリレーがONすると接点もONして、スイッチの変わりにリレーの接点でリレーのコイルをONします。つまり、スイッチをOFFしてもリレーは動作し続けます。これが自己保持でした。

　もうひとつの接点でランプ電源を供給（「V＋」と「V－」を接続）するとランプが点灯します。

図 6-5-1 配線方法の違い

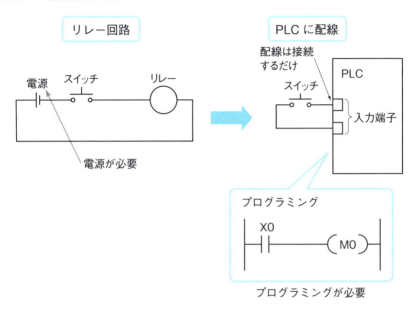

図 6-5-2 リレー回路

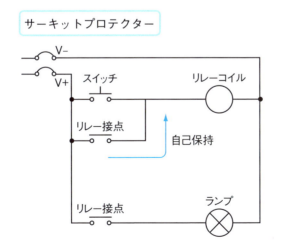

● PLC の配線例

　先ほどのリレー回路（自己保持）を PLC で再現するためには PLC に配線を接続してあげないといけません。PLC によって配線方法は違いますので、ここではざっくりと説明します。

　まずスイッチですが、これは入力端子に接続するだけです。リレー回路では電源が必要でしたが、PLC の場合は別途接続する必要はありません（PLC の内部電源で動作するようになっている）。ここではスイッチの片方を「COM」という端子に接続して、もう片方を「X0」という端子に接続しています。三菱製の PLC だと「X」という記号が入力端子の記号です。

　次にランプです。ランプは三菱製の PLC だと「Y」という記号になります。出力の場合別途電源が必要なので図 6-5-3 のようにランプ用の電源を接続しています。

　最後にプログラムを PLC に転送すればスイッチを押すとランプが点灯します。プログラムによってランプの点灯条件や点灯方法を自由に変更できるのが PLC とリレー回路の大きな違いです。

● 出力端子のイメージ

　PLC への配線方法をざっくり説明しました。入力端子の「X」や出力端子「Y」の数は図 6-5-3 では少しの数しか書いていませんが、実際はたくさん使えます。PLC の機種によっては増設可能です。

　PLC への入力は「X」と「COM」を接続すれば入力されるので簡単です。ですが出力には電源が必要だったりしてわかりにくいと思いますので出力端子のイメージを説明します。

　実は中にリレーが入っていて、プログラムによって出力リレーを ON/OFF させています。その接点が出力端子になっています。

　最近はトランジスタなどの半導体を使った接点が主流ですが、リレーで説明するとわかりやすいと思います。

　参考までに三菱製の一部の機種では図 6-5-5 のような構成になっています。負荷がいろいろ接続してありますが、筆者のほうで適当に接続したサンプルです。このような使い方ができるという例です。

図 6-5-3　PLC への配線

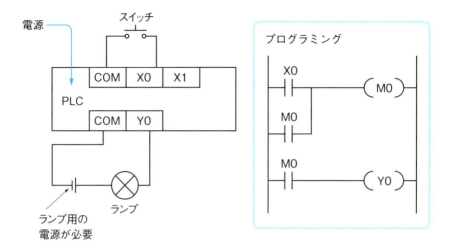

図 6-5-4　出力端子のイメージ

図 6-5-5　出力の接続例

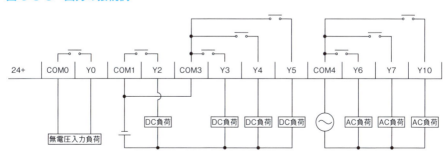

🛈 センサーの入力

　本章では PLC への入力方法を簡単に説明しました。スイッチなどは 2 本線を接続すればいいだけです。とても簡単です。ではセンサーの入力はどうでしょうか。電源線があるのでセンサーからは線が 3 本出ています。

　実はセンサーも簡単に入力できます。第 5 章で少し説明しましたが、リレーを動作させる場合とほとんどかわりません。リレーに接続していた部分を入力端子に接続するだけです。

接続例

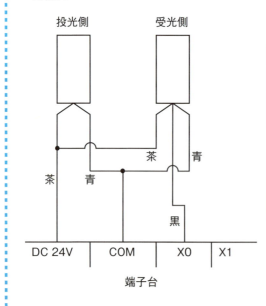

茶色と青色の線は電源線なので DC 24V に接続します。
残りの黒色は信号線なので入力端子に接続します。

接続例は概要です。
電源を外部からとる場合は 0 V と COM 端子を接続するなどの処置が必要です。

第7章

プログラミング入門

　シーケンス制御に限らず、私達の身の回りにある機器には何らかのプログラミングがされて動いています。製造ラインでもただ製品を生産するだけではなく、品質面においても力を入れています。制御も複雑化しプログラムで動作するのはあたりまえになっています。プログラミングの知識は今後さらに必要性が高くなってくるでしょう。

7-1 ラダー図

●ラダー図

　シーケンス制御を学習されたことがある方は**ラダー図**という言葉を聞いたことがあると思います。シーケンス制御を学習していくと最終的にたどり着くのがこの**ラダー図**です。

　ラダー図は、PLCで使われているプログラム言語で**リレーシンボリック**などと呼ばれています。ラダー図のラダーは英語で「Ladders」というはしごという意味からきているといわれています。

　ラダー図は接点やコイルが直接描いてある回路図のようなプログラムです。横罫線が多いことから**はしご**のような見た目になっています（図7-1-1）。

●なぜ回路図のような形なのか

　プログラムといえばBASICやC言語などを思い浮かべると思いますが、なぜPLCではこのラダー図を使っているのでしょうか？それはもともとリレー回路を使って制御していた人にはラダー図のほうがわかりやすいのです。リレー回路から進化した設備を制御することに特化したプログラムだからです（図7-1-2）。

　ラダー図がわかる方でもBASICなどはわからない、逆にBASICなどはわかるけどラダー図がわからないという人は多いと思います。ラダー図は少し特殊な言語なのです。これはラダー図を学習するうえでBASICなどのプログラム知識は必要ないということです。

　では、ラダー図は今後必要なのかというと必要です。生産工場の設備はほとんどがPLCで制御されています。プログラムはラダー図です。BASICなどでもプログラミングできてもです。設備を制御する上で扱いやすいということとこの業界ではPLCは絶大なシェアをほこっており、今後も使われていくでしょう。

図 7-1-1　はしごみたいなラダー図

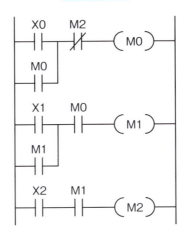

図 7-1-2　リレー回路からの進化

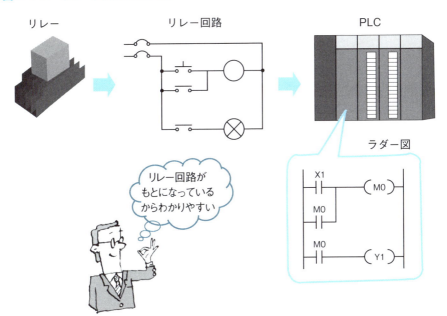

●ラダー図の描き方

　ラダー図が BASIC などと違い少し特殊な言語ということがわかったかと思います。ではこの特殊なラダー図の学習方法は？どうやって描けばいいのか？これからシーケンス制御を学習する方は少し不安になるかもしれません。ですが難しく考える必要はありません。大丈夫です、実はリレー回路が理解できればラダー図は理解できます。しかもリレー回路を省略したような記号で描いたものがラダー図です。

　例えば、簡単な動作を紙の上に手書きでリレー回路とラダー図を描いた場合、ラダー図で書いたほうが圧倒的に速く書けます。

　リレー回路で使っていた接点やコイルの記号を図 7-1-3 のように置き換えてみてください。そして電源の部分を消すとラダー図の完成です。

●ラダー図の作成例

　リレー回路の記号を少し変更すればラダー図になります。PLC はリレー回路が進化した機器であり、ラダー図もリレー回路が元になっているからこのように簡単に変換できます。リレー回路が理解できればラダー図も理解できるというのはこういうことです。シーケンス制御の参考書のほとんどがリレー回路を取り扱っているのは最終的にラダー図にたどり着くからです。

　では、実際に簡単なリレー回路をラダー図に置き換えてみましょう（図 7-1-4）。

　まずは、接点とコイルの記号をラダー図の記号に置き換えます。次に電源部分を消します。両端の縦罫線は母線として残します。これで完成です。

　ラダー図のほうが記号もすっきりしているのでシンプルで読みやすいかと思います。実際は「M1」だけではなくこの「M1」がどういう内容のコイルなのかも表示されます。これを**コメント**と呼びます。（パソコンソフトを使った場合ですが）慣れてくればラダー図を見れば設備の動作がわかるようになります。

図 7-1-3　接点、コイルの変換

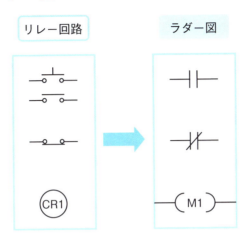

図 7-1-4　ラダー図作成

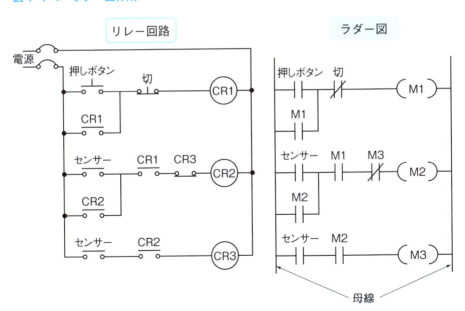

7-2 デバイスとは

●デバイスとは

　デバイスと一言でいってもさまざまです。あるシステムを構成する部品とされていますが、あるシステムによってさまざまです。例えば、パソコンを例にすると、CPUやハードディスク、メモリ、さらにはキーボードやマウスなどがデバイスになります。電子回路ではトランジスタやICなどの電子部品となります。このようにデバイスと対象のシステムが違えば内容も違ってきます。

　ここではPLCのプログラム上でのデバイスを説明します。PLCでは内部リレーを使ってプログラミングします。この内部リレーもデバイスにあたります。デバイスの表示方法はPLCのメーカーによってさまざまです。本書では三菱製のPLCを例に説明します。他メーカーのPLCについても表示方法などが違うだけで、基本的には同じです。

● PLC内のデバイス

　PLC内ではさまざまなデバイスが設定されています。ここでは特にプログラム（ラダー図）の解説はしませんが、実際のプログラムを見たほうが理解は早いと思います。実際にプログラムは図7-2-1のようになります。ここではプログラムの内容まで理解する必要はありません。

　これが実際にパソコンソフトでPLCに書き込むラダー図と呼ばれるプログラムです。a接点やb接点が確認できると思います。この接点の上に英数字の記号があると思います。これが**デバイス**です。

　デバイスの一番左のアルファベット部分がデバイスの種類でその次の番号がデバイス番号です。

　例えば、内部リレーで説明すると、内部リレーは「M」で表示されています。内部リレーは複数使用できますので「M0」や「M1」と番号を変更すれば違う動作の内部リレーが使えます。

図 7-2-1　実際のラダー図

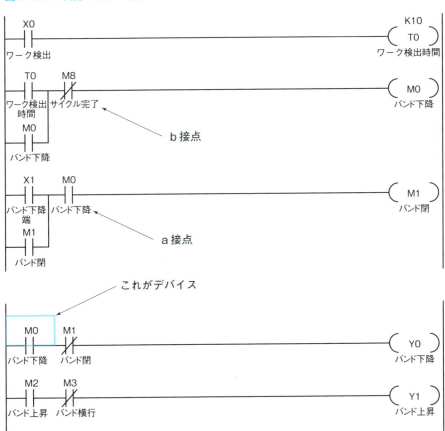

●デバイスの種類

　図7-2-1で実際のプログラムを紹介しました。内部リレーは「M」と説明しましたが、他にもさまざまな記号のデバイスがあります。デバイスにはそれぞれ機能や役割が決まっているものもあります。代表的なものを紹介します。

　内部リレー「M」ですが、これは通常のリレーと同じように動作します。コイルがON/OFFすれば接点もON/OFFします。

　次に「T」ですが、これはタイマーリレーです。これも通常のタイマーリレーと同じ動作をします。コイルをONさせて指定時間後に接点がONします。コイルをOFFすると、コイルと同時に接点もOFFします（図7-2-2）。

　「X」は入力デバイスです。「X」は接点しかありません。これはPLCに対して外部からの入力によってON/OFFします。そのためプログラム上には「X」のコイルは通常描きません。

　「Y」は出力デバイスです。こればPLCからの出力に使います。YをON/OFFするとPLCの外部出力端子がON/OFFします。

　他にもまだありますが、大きく分けるとこんな感じになります。このように先頭のアルファベットを見ればどのようなデバイスかわかります。三菱を例にしましたが、他のメーカーでは番号で区切られている場合もあります。例えば「ここからここまでの範囲の番号は入力デバイスに割り当てられています」という感じに区切られます。

　内部リレーはたくさん使えますが、0から順番に使っていくのではなく、動作や用途によってある程度区切って使ったほうがわかりやすいと思います。一昔前のPLCはメモリ容量が小さくデバイス数も限られていたので、すき間がないように使っていましたが、近年のPLCは使い切れないほどたくさんあるのである程度グループ分けしたほうがいいのです（図7-2-3）。

図 7-2-2　内部リレーの動き

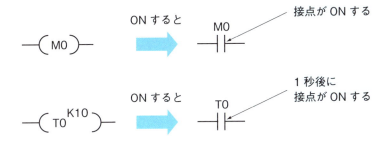

図 7-2-3　内部リレーはルールを決めて区切る

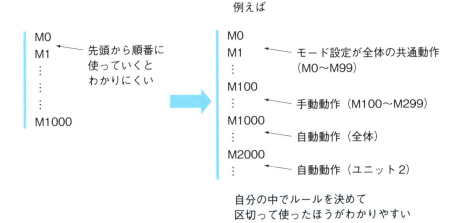

7-3 入力デバイスを使ってみる

●なぜ入力が必要なのか

　PLCはいろいろな種類のデバイスを使っていて、プログラムによってデバイスをON/OFFして制御します。内部リレーについて簡単に説明しました。PLC内の仮想的なリレーです。基本的にはこの内部リレーをON/OFFして制御プログラムをつくっていきますが、PLCの外部から信号を取り込んでプログラムに反映させないと一方的な動作を行うプログラムになってしまいます。どういうことかというと、プログラムというのはどのように動作するか、どのように計算するかなどを記述します。そして基本的にはプログラムされたとおりしか動けません。つまり外部からの信号がなければ動作が完了したかどうかもわからないので、プログラムはタイマーなどを使って一定の間隔で動作を続けるしかないのです（図7-3-1）。

　そこで外部からの信号を使い、今制御している設備がどのような状態か確認すれば設備は本来の性能を発揮した動作を行います。例えば、コンベア上に物が流れてきます。これをセンサーで検出して設備は物を取りにいきます。物を取ったことを確認して設備は物を加工します。そして物が正常に加工されたか確認して設備は物を完成品として排出します（図7-3-2）。

　これらの動作はPLCに対して現在の設備状態を常に入力しているからできることで、この入力信号がなければ設備は目隠しで動作しているようなイメージです。設備にとって入力信号は目や耳などの五感と同じなのです。そして最終的に設備に対して人が「動作しなさい」という指令自体も入力信号です。

　入力信号というのは設備を制御するうえで必ず必要な信号なのです。

図 7-3-1 入力がない場合のイメージ

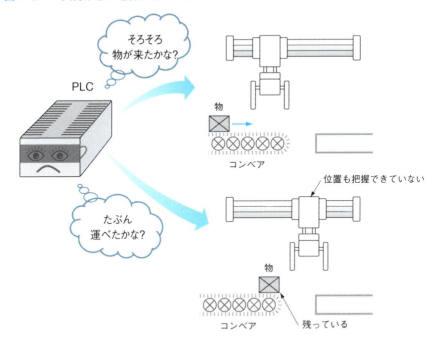

図 7-3-2 入力がある場合のイメージ

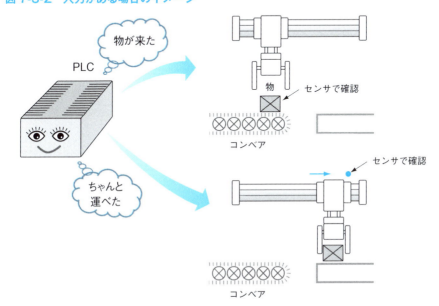

●入力してみる

　PLC に対して信号を入力してプログラムでどのように使うのでしょうか？ PLC は外部からの入力信号や外部への出力信号はあたりまえなのでとても簡単に使えます。パソコンを使って BASIC などでプログラムをつくる場合、パソコンの外部から信号を入力するにはいろいろと手順があり慣れていなければ大変です。

　第 6 章の第 5 節で PLC への入力信号の配線例を少し説明しました。もう一度配線例を表示します（図 7-3-3）。

　入力デバイスの先頭アルファベットは「X」と説明しました。そして PLC の入力端子台の「X0」と「COM」にスイッチが接続しています。「X0」と「COM」が短絡（接触）されれば「X0」に信号が入力されます。つまりラダー図の「X0」という接点が ON するのです。

　つまりスイッチを押すと「X0」が ON します。この「X0」という接点をラダー図上で使えばいいのです。

　同じように「X1」にもスイッチを接続すれば「X1」の接点が ON します。「X0」のスイッチを押すと「M0」で自己保持。「X1」のスイッチを押すと「M0」の自己保持を解除するラダー図はこんな感じになります（図 7-3-4）。

　このようにあらかじめ割り付けられたデバイスをラダー図上に描けば入力できます。

図 7-3-3　PLC への入力信号

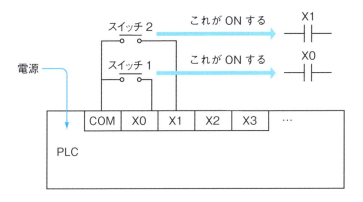

図 7-3-4　簡単なラダー図

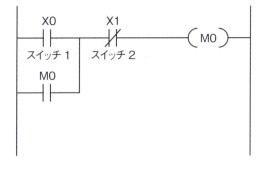

7-4 出力デバイスを使ってみる

● PLCからの出力

　PLCにとって入力は人間の五感のようなものだと説明しましたが、今度は出力です。出力は人間でいう手足のようなものです。PLCにいくら信号を入力してプログラム（ラダー図）を実行しても、出力がなければ何も起こりません。PLCが内部で何か処理をしているだけで、見た目ではなにも変化はないのです（図7-4-1）。

　このPLCから出力することにより、ランプを点灯させたりエア機器であるシリンダーを動作させたりモーターを回転させたりできます。このような一つひとつの動作がたくさん集まり、一つの大きな設備ができあがります。

●出力は信号

　PLCに入力する場合はスイッチを使って「X0」の端子と「COM」端子を短絡（接続）すれば入力されることは説明しました。外部から強い力を入力するのではなく、端子を接触する程度の電気的な入力です。

　PLCからの出力も同じで、直接モーターを回転させたり、シリンダーを動作させる強い力が出力されるわけではなく、出力端子の接点が開閉する程度の出力です。これは接続機器へ命令が出力されるイメージです。

　PLCからモーターに対して「回転しなさい」「停止しなさい」。シリンダーに対して「前進しなさい」「後退しなさい」と命令しているのです。もう少し詳しく説明すると、モーターやシリンダーが動作する電気回路をつくっておき、最終的にその電気回路に電流を流す（接点を開閉）かどうかをPLCの出力端子で行うのです。

図 7-4-1　出力がない場合のイメージ

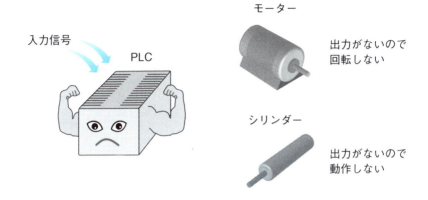

図 7-4-2　出力がある場合のイメージ

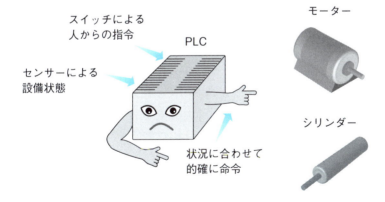

●出力してみる

　PLCから出力させるにはプログラムではどうしたらいいでしょうか？入力と同じく簡単で、出力デバイスを記述するだけです。入力「X」は接点として使いますが、出力はコイルとして使います。デバイスの先頭のアルファベットは「Y」です。内部リレーは「M」を使っていましたが、「M」を「Y」に変更すれば出力されます。ただし動作回路に直接「Y」の出力デバイスを使うと大変読みにくいプログラムになるので、「Y」はプログラムの最後にでもまとめて描いておきましょう。

　前項の入力で使った回路を使って出力の説明をしていきます。最初にプログラム（ラダー図）の簡単な説明です。「X0」がONすると「M0」がONして自己保持状態になります。「X1」がONすると「M0」の自己保持が解除されます（図7-4-3）。

　その下に「M0」の接点を使い「Y0」のコイルを描きます。これでPLCからの出力はできます。

　PLCへの配線ですが、PLCの出力端子の内部は接点になっています。この接点がON/OFFします。つまり図7-4-4のようにランプが点灯する回路をつくり、その回路上にPLCの出力端子を入れておけばPLCからランプが点灯できます。

　モーターの場合も同じです。しかしモーターのように負荷が大きいものはPLCの接点容量では小さい場合があるので、PLCの接点でモーターをON/OFFするリレーを動作させるなどの対応が必要です。

　また、出力端子の内部は接点のイメージですが、これはわかりやすく説明するためです。実際にリレー接点出力の機種もありますが、近年はトランジスタ出力が主流です。

図 7-4-3　簡単なラダー図（出力）

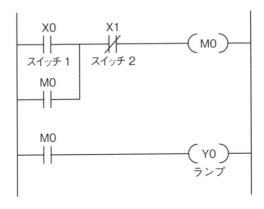

図 7-4-4　出力の配線

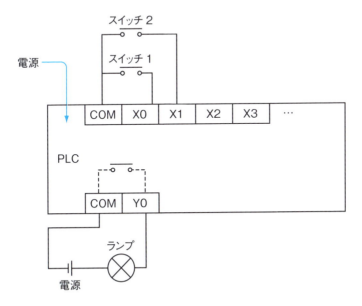

7-5 データレジスタ

●データレジスタ

　PLCに**データレジスタ**というものがあります。ここではこのようなものがあると覚えておいてください。

　リレー回路では数値を簡単に扱えたり保存したりはできません。しかしPLCでは簡単に扱えるのです。デバイスの先頭につくアルファベットは「D」です。内部リレー「M」はON/OFFしかできません。数値でいうと0か1しかできません。PLCではこのようなデバイスを**ビットデバイス**と呼びます。

　ではデータレジスタはどういうものかというと、中に数値を保存できます。デバイスの先頭アルファベットは「D」でその後に番号がつきます。つまり複数使用できます。例えば「D0」というデバイスに好きな数値を保存できます。このようなデバイスを**ワードデバイス**と呼びます（図7-5-1）。

●データレジスタの使い方

　数値を扱えるといっても具体的にどのように使えばいいのでしょうか？一番簡単でわかりやすいのはカウンターです。動作が完了するたびに「D0」の値を1ずつ加算していきます。すると「D0」の中の数値が1→2→3……と加算されていきます。

　足し算や引き算、掛け算や割り算などもできます。外部から数値を取り込んで保存することもできます。電圧値や電流値、温度などです。ロボットの現在値（座標）なども取り込み可能です。

　保存した値を他のデータレジスタに転送することもできます。データレジスタの現在値を比較して（条件として）プログラムを分岐させることも可能です。使い方はたくさんあります。とても便利な機能でPLCを使う上ではなくてはならない存在なのです（図7-5-2）。

図 7-5-1 ビットデバイスとワードデバイス

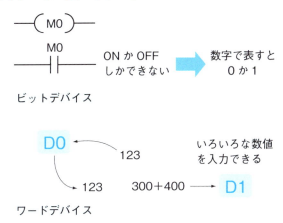

図 7-5-2 データレジスタの使用例

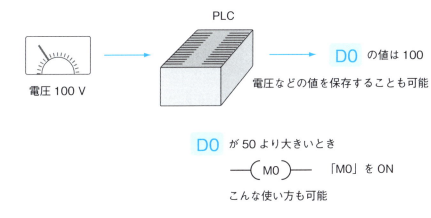

●データレジスタの正体

　データレジスタには数値を保存できる変数のような箱で、データレジスタを使って数値のいろいろな制御ができます。最初はこのようなイメージで大丈夫です。ですがデータレジスタにはどのようなしくみで数値を入れることができるのでしょうか？

　ラダー図の勉強を始めたばかりのうちはここまで意識してデータレジスタを使う必要はありませんが、一応知識として目を通しておいてください。まずコンピュータは0と1しかわからないとか、0と1の組み合わせとよくいわれていました。この意味が少しわかると思います。

　データレジスタというのは結局ビットの集まりなのです。第4章の第6節で2進数について少し説明しました。ここから少し難しい話をします。内部リレー「M」のようなON/OFFしかできないビットとよばれるものを何個か組み合わせて数値を表現します。ここでは4個組み合わせて整数の表示をして見ます（図7-5-3）。

　4個だと16通りの組み合わせができます。そのため0〜15の数値を表現できます。ではこれを16個組み合わせてみます。そして一番左側のビットを＋や－の符号に使います。するとどうでしょう？ －32768〜32767までの数値が表現できます。これがデータレジスタの正体です。データレジスタは16個のビットで構成されていて、ビットのパターンで数値を表現しています。これを **16ビット整数** などと呼んでいます。また、32個のビットを使ってさらに桁数の多い数値を使うことも可能です（図7-5-4）。

　コンピュータの世界ではこのように数値はビットの集まりで表現されています。そして文字も文字コードというもので表現され、文字コードも最終的にはビットの組合せになります。そのためコンピュータは最終的に0か1の世界になります。

図 7-5-3　ビットデバイスで数値表示

ビットデバイス　　　　　　　　4個使う（例えば「M0」〜「M3」等）

ON ＝ 1　　　　　　　　　　　0 0 0 0 → 0　全部 OFF
OFF ＝ 0　｝ とします　　　　 0 0 0 1 → 1
　　　　　　　　　　　　　　　0 0 1 0 → 2
　　　　　　　　　　　　　　　0 0 1 1 → 3
　　　　　　　　　　　　　　　0 1 0 0 → 4
　　　　　　　　　　　　　　　0 1 0 1 → 5
　　　　　　　　　　　　　　　0 1 1 0 → 6
　　　　　　　　　　　　　　　　⋮　　　⋮
　　　　　　　　　　　　　　　1 1 1 1 → 15　全部 ON

図 7-5-4　データレジスタの中身

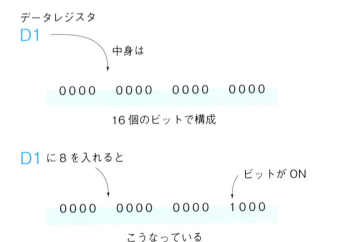

7-6 回路設計

●回路設計

　ここでの回路設計はPLCのプログラム（ラダー図）の設計です。プログラムの設計ってなに？と思われるかもしれません。実際に現物で存在するものに対しては寸法などを入れて設計します？プログラムの設計とは、どのようなものなのでしょうか？

　プログラムは動作を自由に描けるできる反面自由度が高すぎて、最終的に同じ動作をするプログラムでもつくる人によって全然違うプログラムになります。他の人が見てもわかりやすいプログラムやわかりにくいプログラム、コンパクトにまとめられたプログラムやダラダラと長いプログラム。つくる人によってさまざまです。PLCでよいプログラムというのは、一般的に誰が見てもわかりやすいプログラムです。プログラムをわかりやすくつくるために最初にプログラム設計を行います。プログラムに寸法などを入れるわけではありません（図7-6-1）。

●自分しかわからないプログラムはだめ

　初心者の方が思いつきでどんどんプログラムを描いていくと自分しかわからない複雑なプログラムができるかもしれません。自分にしかわからないと、自分にしかできないは意味が違います。自分にしかできないプログラムは、システムそのものが複雑すぎて、普通の人には難しくて作成できないようなプログラムです。これはオンリーワンの技術でとてもすばらしいことです。このようなエンジニアの方はどんどん仕事の依頼がくるでしょう。

　しかし自分にしかわからないプログラムは、簡単なシステムでも我流でプログラムを作成しているため他の人には理解できません。このようなプログラムは後でトラブルが発生すると対応がとても困難です。他のエンジニアに依頼すればもっと簡単なプログラムを作成してくれます。このようなエンジニアはオンリーワンの技術ではないので、どんどん仕事が減っていくかもし

れません（図7-6-2）。

図7-6-1　プログラム設計

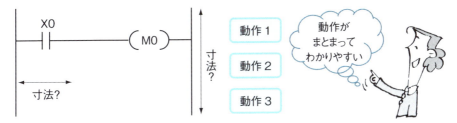

寸法を入れるわけではない

図7-6-2　オンリーワンと我流

●デバイス番号の振り分け

　デバイスにはたくさんの種類があり、数も多く存在します。例えば、機種によって違いますが内部リレーも 10000 点近くあります。内部リレーと同じような動作をするビットデバイスも「M」以外にも数種類あります。プログラム作成の前にこの大量のデバイスを振り分けておきます。慣れてくれば自分の中である程度ルールが決まってくるので簡単なのですが、最初はめんどくさいと思います。プログラムを作成したい気持ちを抑えて、まずは振り分けします。第 7 章第 2 節で簡単に説明しています（図 7-2-3）。

　自動運転であれば「M1000」～使う。モード切り替えや全体的な重要な部分は「M100」以下を使うなど、あらかじめ決めておきます。

　あらかじめ振り分けしておけば、プログラムを作成するとき「ここの動作は何番の番号を使おうか？」といちいち考えなくてすみます（図 7-6-3）。

●動作を描く位置を決める

　プログラムのどの部分に何を描くのかある程度決めてください。例えば、先頭は各種設定、次にモード設定、次に手動操作、次に自動動作、異常処理、最後に出力。本来はもっとたくさんあります。順番も会社によって違います。例えば、自動動作の回路が先頭や中間にばらばらに適当に配置されていたら大変読みにくいです。手動操作も同じです。同じような動作は同じような位置にまとめて配置します（図 7-6-4）。

●ユニット範囲を決める

　少し難しい話ですが、設備にはユニットがあります。目で見た感じだとたくさんのユニットがついています。しかし、プログラムでユニットを分けるには動作を基準にして分けます。自動運転回路といっても全体の動作をそのまま描きません。各ユニット動作を描いて、それぞれ動作させて全体の動作になります。この各ユニットに分けるとき、見た目で分けるのではなく動作をよく確認して分けることが大切です。最初はまだわからないと思いますが、プログラムを多数つくっていくとわかるようになります。

図7-6-3　プログラムに集中できる

図7-6-4　描く位置を決める

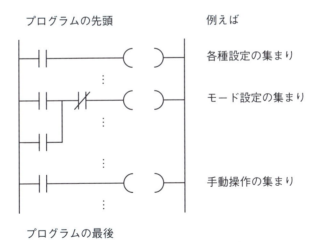

7-7 原点復帰

●単体機器の原点復帰

　サーボモーターやステッピングモーター、ロボシリンダーなどには原点復帰という機能があります。この原点復帰という機能はどのような機能なのでしょうか？設備全体の原点復帰とは少し意味合いが違うので順番に説明していきます。

　まず、サーボモーターなどの原点復帰ですが、サーボモーターなどは現在自分が何回転しているのか、ロボシリンダーなどは現在自分がどの位置（座標）にいるのか常に把握しています。ではその位置というのはどこを基準とした位置でしょうか？その基準位置を決めなければいけません。ロボシリンダーであれば端の位置。これは電源を切ると基準となる位置を忘れてしまうからです。原点復帰動作を行うとどちらかに動き出し基準の位置を探します。センサーや電流値を使い基準位置を見つけたら原点復帰完了となります（図7-7-1）。

●設備全体としての原点復帰

　先ほどの機器単体での原点復帰とは違い、設備全体としての原点復帰の説明をします。設備には原点復帰というボタンがついていることがあります。この**原点復帰**は、設備内のシリンダーなどがあらかじめ指定された位置へ動作することです。どの位置を原点位置にするかはプログラムで自由に決めることができます。一般的には安全な位置で、そのまま自動運転が開始できる位置だと思います。もちろん単体機器の原点復帰は完了した状態です。

　例えば、製品を運ぶP.P（ピックアンドプレイス）では取出し位置の真上が一般的に多いです。それは自動運転開始と同時にすぐに下降してワークを取りにいけるためです。ただし、メンテナンス性や安全性が悪いと原点位置は別の位置に設定されることもあります（図7-7-2）。

図 7-7-1　サーボモーターの原点復帰イメージ

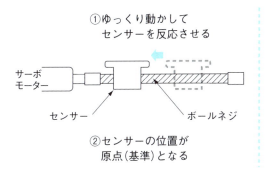
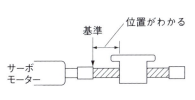

図 7-7-2　P.P の原点位置

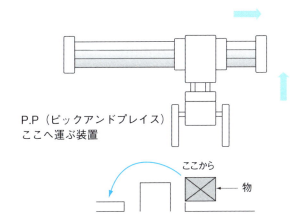

チャックは上昇した位置
横方向は取出位置

この位置ならすぐに
取出操作ができる
上昇しているので
接触もしない

●原点復帰の動作

　設備原点復帰の動作は単純にシリンダーなどを原点位置に戻せばいいのですが、設備によっては単純にはいかない場合があります。例えば、ロボットなどを使い複雑な隙間に入り込んだ場合、そのままロボットを原点復帰すると接触してしまいます。つまり原点復帰動作の前に設備がどのような状態になっているか確認して、原点復帰動作を変更する必要があります。

　このようなプログラムはとても複雑になります。そうならないためにもメカ設計もできるだけシンプルにしたほうがいいのです。基本的にはユニットは上昇して他との接触がない状態で、横方向のシリンダーなどを動作させるような直線的な原点復帰が設備的には理想です。

　先ほどのP.Pを例に図7-7-3のような状態で原点復帰するとします。そのままシリンダーを戻すとぶつかってしまうので、まず上昇させて横方向を戻します。

図7-7-3　原点復帰順序

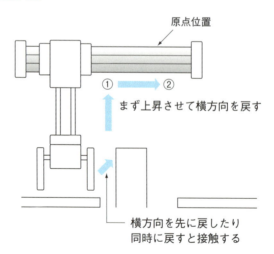

7-8 一般的な動作回路

●自動運転とサイクル動作

　設備にはたくさんの種類がありますが一般的な設備の話をすると、サイクル運転や自動運転の考え方があります。サイクル動作とは1つのユニットの動作を最初から最後まで1回動作することです。そして最初と最後のユニットの状態は同じになるので、サイクル動作が完了すれば再度サイクル動作を行うことができます。先ほどのP.P（**ピックアンドプレイス**）を例に説明していきます。

　搬送する物がP.Pの下に到着した状態でサイクル動作を行うと、P.Pは下降して箱を掴みます。そして上昇して箱を置く位置まで移動し、箱を置いて最初の位置に戻ります。箱を置いたからそこで終わりではなく、最初の位置まで戻るようにプログラミングします。最初の位置に戻すことにより、再度同じ動作を実行できる状態にします。これが**サイクル動作**です（図7-8-1）。

　では、自動運転とはどのようなものでしょう？サイクル動作の場合一度動作完了すると、再度実行しないと動作しません。自動運転は条件が一致すればサイクル動作を連続して行います。P.Pを例にすると、箱を搬送して初期位置に戻っても、箱が流れてくれば再度搬送します。箱が流れてくる限り搬送を繰り返します。このようにサイクル動作を連続して繰り返すことを**自動運転**と呼びます。

　サイクル動作を連続して繰り返すため**連続運転**などと呼ぶこともあります。そして自動運転を停止する場合は、なるべく原点位置で停止させます。ユニットがたくさんある場合はそれぞれがサイクル動作を完了した時点で次のサイクル動作をさせないようにして、すべてのユニットがサイクル動作を完了したとき設備を停止させます。これを**サイクル停止**と呼びます（図7-8-2）。

図 7-8-1　サイクル動作

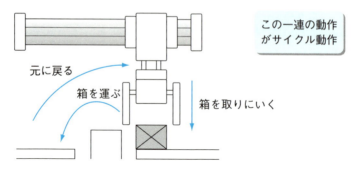

図 7-8-2　サイクル停止

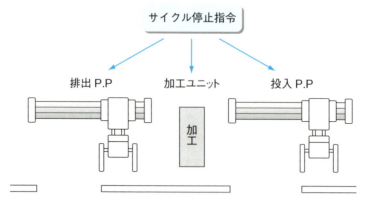

サイクルを行うとすべてのユニットをサイクル動作する。
すべてのユニットがサイクル停止したら設備を停止状態にする。

●歩進動作

シーケンス制御はあらかじめ順番どおりに動作をプログラミングされた制御です。動作が順番どおりに記述されています。最後になりましたので、ここでほんの少しだけどのようにプログラミングされているのか見てみましょう。プログラム（ラダー図）は描き方の自由度が高いためいろいろな描き方が出来ます。ここで紹介している描き方はごく一般的に使われている描き方となります。

P.P動作の一部を使います。チャック下降→チャック閉→チャック上昇の流れを見ていきます。基本的に自己保持を使います。

動作開始の接点で「M1」を使って自己保持します。この「M1」でチャックを下降させます。チャックが下降して下降端まで行くと「X1」の接点がONします。「M1」と「X1」を条件に「M2」で自己保持をかけます。この「M2」でチャックを閉じます。チャックを閉じると「X3」の接点がONするのでチャックを上昇します。

このように連続で自己保持をかけていくことで一定の順序どおりの動作を行います。そして最後にサイクル動作完了した時点で先頭の「M1」の自己保持を解除します。すると「M1」の接点で「M2」が自己保持されていますので「M2」も解除されます。同様に最後まで解除され動作回路はリセットされます。これが基本的な動作回路で**歩進回路**と呼ばれます（図7-8-3）。

●出力コイルの描き方

ここまで描いたので出力コイルの描き方まで説明しておきます。チャック下降は「M1」の接点で行います。そして下降完了すれば下降のコイルをOFFします。下降完了は「M2」の接点です。

同様に「M2」の接点でチャックを閉じます。閉じるとコイル出力をOFFしています。再度下降させたいときは、並列に描きます（図7-8-4）。

ここで描いたのはわかりやすくするために簡単に描きました。実際はもっと条件が多いと思いますが基本は同じです。

図 7-8-3　歩進回路

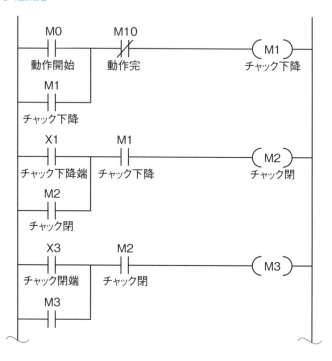

図 7-8-4　出力の描き方

おわりに

　本書をここまで読んでいただきありがとうございます。本書はシーケンス制御の入門という位置づけで執筆させていただきました。プログラムなどの具体的な内容までは踏み入らず、シーケンス制御がどのようなものかより簡単によりわかりやすく執筆したつもりです。

　これからシーケンス制御の世界に足を踏み入れようとがんばっている方の背中を押せるような本になってほしいと思います。

　そしてこれからシーケンス制御を勉強する方へ。ラダー図は他の言語と比べて特殊な言語です。「難しいから自分には合わない」と思うと上達も遅くなります。「できる！」と信じて勉強してください。そして何より実際に作業してみることです。参考書などで勉強した後は、実際に作業を行ってみてください。シーケンス制御に限らず、本を読むだけではなく、読んだことを実際にやってみることが大切なのです。

●参考資料　文献・学習キット・検定対策盤

●参考文献

これだけ！シーケンス制御（秀和システム）
　筆者が執筆した2冊目の参考書です。「図解入門よくわかる最新シーケンス制御と回路図の基本」よりさらに初心者向けに説明しています。

図解入門よくわかる最新シーケンス制御と回路図の基本（秀和システム）
　シーケンス制御講座（当サイト）の管理人が執筆した参考書です。シーケンス制御初心者から実践までわかりやすく説明しています。

シーケンス制御を活用したシステムづくり入門（森北出版）
　これからシーケンス制御を始める人向けですが、設備などを少し知っている必要があります。知っているといっても、シリンダなどが分かればいい程度です。内容は初心者からわかりやすい説明になっています。

マンガでわかるシーケンス制御（オーム社）
　マンガで書いてあるのでわかりやすく、サクサク読めます。内容は非常にわかりやすいと思います。これからという人向けです。ただし2章でいきなりPID制御が出ていますが、シーケンス制御の初心者には難しいので、読むだけ読んで次に読み進むほうが無難です。

シーケンス制御回路の基本と仕組み（技術評論社）
　初心者向け。基礎を中心に説明しています。リレー制御（回路）がメインで説明されています。リレー回路をじっくり勉強したい方向けです。リレー回路はラダー図の基本なのでしっかり理解しておくことをお勧めします。

使いこなすシーケンス制御（技術評論社）
　シーケンス制御関係の職場向け。と言っても上級者向けではなく、初心者からわかりやすく説明されています。社内の移動などで急にシーケンス制御が必要になった場合、教えてくれる職場の方はいるのですがなかなか理解ができない人向けです。

図解でわかるシーケンス制御の基本（技術評論社）
　初心者向けではありますが、基礎を徹底的に重視した参考書。ここまで基礎が必要なのかと思いますが、知っていて損はありません。ある程度上達すれば基礎はついてきますが、電気回路については、そのような関係の制御をしないと身につきません。

PC シーケンス制御（東京電機大学出版局）

初心者向けではありません。初心者向けとはシーケンス制御に対してと、参考書に対してもです。普段参考書を読んだことがないようでしたら、お勧めできません。ある程度参考書に慣れた人向けです。

いちばんわかるシーケンス制御（ナツメ社）

ロジックシーケンスなどが記載されています。論理回路が得意な人は是非読んでみてください。

● ラダー図学習キット

この小さな基盤は簡単な PLC で、製作したのは空圧機器で有名な株式会社コガネイです。プログラム容量は 255 ステップで特殊な命令は使用できませんが、とにかく小さく価格が安価です。

ラダー図を実際に書き込んで動作できるキットで、すでに学習キットとして一部では採用されています。簡単な機械であればこれで稼動できます。実際にラダー図を書き込んで動作までを市販の PLC で行うと初期投資が非常に高く、これからラダー図の勉強をはじめる方に敷居が高いと思います。そこでこのようなキットを使えは非常に安価に勉強できます。

　配線はこんな感じで、差し込むだけです。電源は USB から供給されます。プログラムの読み書きも USB からです。簡単な治具レベルであれば、このキットで十分動作できます。学習キットだけでなく、簡易 PLC としても十分な性能です。実際はまだ試作段階とのことですが、需要が多ければ商品化の可能性も高いです。

● **検定対策盤**

　技能検定（シーケンス制御作業）対策盤は、国家技能検定を目標にした教材です。この教材自体にはシーケンサや GXDeveloper は付いていません。この教材の気に入った部分は、シーケンサ以外ほとんどの機器がそろっている点です。さらにコンベアまであるところが気に入っています。これらの機器をすべて購入するには、それなりの知識も必要で、せっかく購入しても取り付け場所がなければ配線も汚いことになります。その点この教材は取り付けもついているため、使用しないときは片付けることも可能です。

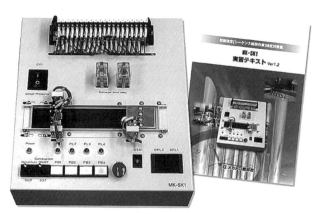

出典：メカトロ教材社ホームページ

シーケンス制御を効率的に習得するために、初心者でも理解しやすく、体系的に構成された実習課題を盛り込んだ実習テキストが付属されています。正直かなり高額ではありますが、部品を集めてつくろうと思うとかなり大変です。いろいろ実験できますし、テキストも付いているので安心です。ただし、PLCは付いていませんので別途購入する必要があります。PLCを自分で配線して取り付けるのも、いい勉強になります。

　さらにフルセットを紹介しておきます。こちらはシーケンサとGXWorks 2というソフトが付いています。ただし、このソフトはAシリーズなどの古いタイプのシーケンサには対応していませんので注意が必要です。特にソフトやシーケンサが必要なければ、こちらは必要ないでしょう。

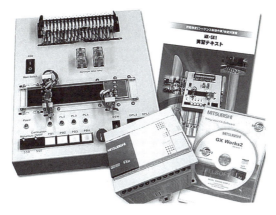

出典：メカトロ教材社ホームページ

用語索引

英数	
AC モーター	46
AI	123
a 接点	94
b 接点	94
DC モーター	46
DON	108
FA	60
IH 炊飯器	38
LON	108
NPN	110
PID 制御	58
PLC	12, 114, 116
PLC の配線	130
2 進数	86
10 進数	86
16 進数	86
16 ビット整数	154

ア行	
アラゴの円板	56
インターロック回路	82
うず電流	38
宇宙エレベータ	74
エレベータ	62
オルタネイト	92
温調器	58
温度調節器	58

カ行	
回路図	100
回路設計	156
カム制御	12
火力発電	68
気化熱	42
極性分子	44
駆動	28
車の運転	24, 26
原子力発電	68
原点復帰	160
工数削減	53
合理化	60
交流モーター	56
コメント	138

サ行	
サイクル停止	163
サイクル動作	163
サイクル動作中	32
シーケンサー	22, 112, 114
シーケンス制御	16
ジェットファン	70
シグナルタワー	50
自己保持	100, 104
自動運転	163
自動化設備	60
自動給湯器	66
自動倉庫	72
自動ドア	64
自動販売機	52

出力	28, 80, 126
条件	78
条件分岐	82
情報技術	20
信号機	48
人工知能	123
信号の出力	28
水位	66
スイッチ	92
炊飯器	38
スカラロボット	54
スタッカークレーン	72
制御	10, 26
制御方法	48
接点	94
設備投資	53
洗濯機	36
扇風機	46
倉庫	72
操作	24
操作量	58, 76

タ行

タイマーリレー	106
タッチパネル	50
ダブルワード	90
チャタリング	102
超臨界水	68
直流モーター	56
抵抗	84
データレジスタ	152
デバイス	140
デバイスの種類	142
デルタロボット	54
テレビゲーム	24, 26
電磁継電器	92
電子レンジ	44
透過形（センサー）	108
動作	76

ナ行

| 内部リレー | 118 |
| 入力 | 80, 124 |

ハ行

はしご	136
反射形（センサー）	108
ヒートポンプ	43
ビットデバイス	152
表示灯	50
フィードバック制御	10, 16, 58
負荷	84
ピックアンドプレイス	163
フルオート	66
プログラム	18
偏差	58
歩進回路	165
歩進動作	165

マ行

マイクロウェーブオーブン	44
マイクロ波	44
モーメンタリ	92

ラ行

ラダー	112
ラダー図	12, 18, 112, 136
ラダー図の描き方	138
ラダー図の作成例	138
リレー	98

リレー回路 ……………………116, 130
リレーシンボリック ………………136
リレー制御 ………………………… 12
冷蔵庫 ……………………………… 42
連続運転 …………………………163
ロボット …………………………… 34
ロボットアーム …………………… 54

ワ行

ワード ……………………………… 90
ワードデバイス ……………………152

■著者紹介
武永　行正（たけなが　ゆきまさ）
福山職業能力開発短期大学校（電気エネルギー制御科）を卒業。某電気会社にて設備エンジニアを務める。武永制御を開業。現在に至る。シーケンス制御の初心者向けにわかりやすく解説したWebサイト「基礎からはじめるシーケンス制御（http://plckozua.com/）」を運営。

● 装丁　　　　中村友和（ROVARIS）
● 編集＆DTP　株式会社エディトリアルハウス

しくみ図解シリーズ
シーケンス制御が一番わかる

2018年11月3日　初版　第1刷発行

著　者　武永　行正
発行者　片岡　巌
発行所　株式会社技術評論社
　　　　東京都新宿区市谷左内町21-13
　　　　電話　03-3513-6150　販売促進部
　　　　　　　03-3267-2270　書籍編集部
印刷／製本　加藤文明社

定価はカバーに表示してあります。

本書の一部または全部を著作権法の定める範囲を超え、無断で複写、複製、転載、テープ化、ファイル化することを禁じます。

©2018　武永　行正

造本には細心の注意を払っておりますが、万一、乱丁（ページの乱れ）や落丁（ページの抜け）がございましたら、小社販売促進部までお送りください。送料小社負担にてお取り替えいたします。

ISBN978-4-297-10155-8　C3054

Printed in Japan

本書の内容に関するご質問は、下記の宛先まで書面にてお送りください。お電話によるご質問および本書に記載されている内容以外のご質問には、一切お答えできません。あらかじめご了承ください。
〒162-0846
新宿区市谷左内町21-13
株式会社技術評論社　書籍編集部
「しくみ図解」係
FAX：03-3267-2271